TRAVAIL A LA LONGE

ET

DRESSAGE A L'OBSTACLE

NANCY, IMPRIMERIE BERGER-LEVRAULT ET Cie

TRAVAIL A LA LONGE

ET

DRESSAGE A L'OBSTACLE

PAR

LE COMTE RAOUL DE GONTAUT-BIRON

ANCIEN ÉCUYER A SAUMUR

PARIS
BERGER-LEVRAULT ET Cie, LIBRAIRES-ÉDITEURS
5, RUE DES BEAUX-ARTS, 5
MÊME MAISON A NANCY
1888

AVANT-PROPOS

Que mes amis et anciens camarades de l'armée me permettent de leur offrir ce travail !

Je ne prétends certes pas avoir inventé le travail à la longe et le dressage aux obstacles. Mais je me sers de la longe, d'une autre manière que celle qui est généralement indiquée : tandis que les livres et les règlements considèrent le travail à la longe comme très fatigant et recommandent d'en user avec modération, je l'emploie très fréquemment, pendant des leçons relativement longues, et cependant mes chevaux n'en éprouvent guère plus de fatigue que s'ils étaient en liberté sur une ligne droite. En ce qui concerne le dressage aux obstacles, j'ai les mêmes prétentions : tout le monde s'accorde à dire qu'il convient de ne pas faire sauter les chevaux plus d'une ou deux fois par jour, de peur de les tarer et de les rendre rétifs ; or je fais sauter journellement un grand nombre d'obstacles, sans jamais avoir ni tares, ni rétivité.

Ceux qui me feront l'honneur de lire ces quelques pages pourront constater qu'elles sont le résultat d'observations attentives et d'une expérience déjà longue. Malgré leurs nombreuses imperfections, je me décide à les publier, pour céder à d'aimables instances. J'espère aussi être utile, et j'affirme qu'en suivant la méthode indiquée, l'homme de cheval éprouvera vite de grandes satisfactions. Oserai-je dire que mon travail a quelque peu la sanction du passé? Je lui désire encore, pour les autres et pour moi, celle de l'avenir.

Voici l'ordre dans lequel je traite les nombreuses questions que comporte mon sujet :

PREMIÈRE PARTIE

TRAVAIL A LA LONGE

DEUXIÈME PARTIE

DRESSAGE A L'OBSTACLE

PREMIÈRE PARTIE

TRAVAIL A LA LONGE

CHAPITRE Ier

UTILITÉ DU TRAVAIL A LA LONGE.

Le travail à la longe est d'une grande utilité :

1° Pour exercer un jeune cheval ;

2° Pour faire travailler un cheval qui, pour une raison quelconque, ne peut être ni monté, ni attelé[1] ;

3° Comme exercice d'assouplissement.

1° Pour exercer un jeune cheval.

Le travail à la longe est reconnu d'une si grande utilité, que tous ceux qui ont écrit sur l'élevage et sur le dressage des chevaux, en recommandent l'usage ; et cependant le plus grand nombre des éleveurs ne s'en servent pas, parce qu'ils ignorent les moyens pratiques pour rendre ce travail salutaire à l'animal et en même temps facile à donner.

Le poulain, avant d'avoir acquis la force nécessaire pour être attelé ou monté, doit être exercé à la longe pour

1. Sont de ce nombre, les animaux vicieux qu'il faut dompter par un travail, de nature toutefois à ne jamais nuire à leur conservation.

développer de bonne heure ses moyens, pour l'assouplir et enfin pour le familiariser avec l'homme et l'habituer à sa domination. Malheureusement ce travail, généralement peu compris, devient si difficile dans son application, qu'on le néglige lorsqu'il n'y a pas nécessité absolue. Aussi, dans l'habitude de la vie, on n'y soumet guère que les chevaux de course, avec lesquels il n'y a pas de temps à perdre, puisqu'ils doivent faire leurs épreuves dès l'âge de 2 ans et, par conséquent, acquérir le plus de développement possible à cet âge.

2° Pour faire travailler un cheval qui, pour une raison quelconque, ne peut être ni monté, ni attelé.

Dans un grand nombre de circonstances, le travail à la longe, s'il est bien compris, pourra être employé pratiquement pour les chevaux en service. Que l'on ait, par exemple, un cheval de chasse ou de course mis, par une blessure, dans l'impossibilité d'être monté; si on connaît la manière de lui faire prendre à la longe son exercice, on pourra l'empêcher de perdre une grande partie de sa condition, ce qui aurait été difficile si, tenu en main, il avait été soumis à de simples promenades au pas.

Dans les écuries peu surveillées, il n'est pas rare de voir les chevaux rester cinq ou six jours de suite sans sortir, et cela pour éviter la remise en état de propreté des selles, harnais et voitures, dont il aurait fallu faire usage dans les promenades quotidiennes.

Que de fois nous avons vu des grooms, les uns incapables de monter les chevaux de leurs maîtres, les autres les laissant attachés, pendant la plus mauvaise saison, à la porte des cabarets, où ils prenaient des maladies au lieu de faire une promenade de santé !

Quand on ne possède pas à la tête de son écurie un homme aimant assez le cheval pour pouvoir se confier entièrement à lui, il est indispensable d'exercer une surveillance sérieuse, afin de remédier autant que possible aux inconvénients d'un groom paresseux, incapable et négligent. Pour ce qui est de l'exercice à faire prendre en dehors des jours où le maître a besoin de ses chevaux, le travail à la longe me paraît être le plus facile à surveiller, étant donné qu'il peut se faire à une heure et dans un endroit fixés.

Le caractère aussi bien que la condition se trouvent bien d'un travail exécuté régulièrement. Il n'est pas rare de voir des personnes s'étonner que leurs chevaux, autrefois si sages, soient devenus peureux et même vicieux. Les seules causes de ces accès de gaieté, qui dégénèrent bien souvent en véritables vices, proviennent de repos trop prolongés[1], d'où naissent également les accidents et les maladies qui rendent utiles les visites du vétérinaire.

Les personnes possédant des chevaux difficiles au montoir, ou qui croupionnent pendant la première partie de la promenade, feraient bien d'user de la longe pendant quelques minutes; ils s'éviteraient ainsi les désagréments occasionnés souvent par un rein sensible ou une nature trop ardente.

3° Comme exercice d'assouplissement.

Le poulain, après avoir été, dans de sages limites, sou-

---

1. Chaque année, dans les régiments de cavalerie, on désignait pour monter les officiers d'infanterie des chevaux choisis toujours parmi les plus sages; et cependant, après un certain temps, ces chevaux étaient souvent renvoyés au corps comme difficiles et vicieux. Les repos trop prolongés étaient les seules causes de vices qui disparaissaient généralement lorsqu'on remettait ces animaux au travail régulier des escadrons.

mis au travail de la longe, possédera une souplesse et une certaine habitude d'obéissance, qui simplifieront son dressage, surtout si on le destine à la selle. Même dans les écuries où l'on peut avoir une entière confiance dans l'homme chargé de régler les promenades quotidiennes, on ne devrait pas négliger de soumettre, de temps en temps, les chevaux à ce travail; gymnastique excellente qui entretient chez les uns la souplesse acquise et qui la fait acquérir aux autres. La souplesse mérite d'être plus appréciée qu'elle ne l'est généralement, car le cheval de service jouissant de cette qualité ne dépensera pas de forces en pure perte et, par conséquent, se fatiguera moins[1].

1. Le hasard me fit rencontrer une personne se désespérant de ce que son cheval, lorsqu'il était attelé, glissait à chaque instant sur le pavé, principalement en tournant, et, contrairement à ce qui arrivait à la campagne, se fatiguait très vite et avait des sueurs abondantes.

Après avoir examiné la manière dont le cheval s'y prenait pour tourner, je crus découvrir chez lui une raideur extraordinaire et j'en fis la remarque au propriétaire, en me mettant à sa disposition pour appliquer ce que je croyais être le remède.

J'exerçai cet animal à la longe pendant une heure par jour, en deux fois, et trois jours me suffirent pour constater de tels progrès de souplesse que je commençai à avoir confiance. Huit jours après, le cheval faisait son service sans glisser dans les tournants, et les transpirations abondantes, causées autrefois par un travail de quelques minutes, avaient disparues presque entièrement. Le résultat sera loin d'être surprenant si l'on songe que les personnes se livrant pour la première fois au sport du patinage, éprouvent d'abord une très grande difficulté à garder leur équilibre et se fatiguent énormément, parce qu'elles manquent de souplesse, ou ne savent pas l'employer, tandis que ces mêmes personnes, après une étude plus ou moins longue, arrivent à se tenir avec facilité et sans presque dépenser de forces. Il en est de même du danseur de corde, du gymnaste, etc.

Lorsque je monte un hack bien mis, je le tiens généralement au petit galop, et je tourne à cette allure dans les rues les plus mal pavées, et cela au grand étonnement des personnes qui ne savent pas que ma monture étant souple, ne court pas plus de risque de tomber en tournant au galop qu'un cheval raide tournant au trot.

Les personnes qui suivent les courses des petits hippodromes aux envi-

CHAPITRE II

MOYENS DE CONDUITE AUXQUELS DOIT OBÉIR LE CHEVAL DRESSÉ A LA LONGE.

Un cheval est réputé *dressé* quand *l'instructeur le manie parfaitement, dans tous les sens, sans le secours de l'aide, dont il a dû se servir pour les premières leçons*[1].

Le cheval dressé doit obéir :

1° A la voix de l'homme (principalement);
2° Aux indications qui lui sont transmises par le caveçon;
3° A l'action de la chambrière;
4° A l'action combinée de ces deux moyens.

Lorsque le cheval répondra à toutes ces actions[2], il devra travailler sur le cercle, sans presque plus de fatigue que s'il était en liberté sur la ligne droite.

1° A la voix de l'homme (*principalement*).

La voix est d'un grand secours dans le dressage des chevaux; il est donc nécessaire d'adopter certains com-

---

rons de Paris ont eu certainement mille fois l'occasion d'entendre dire par les entraîneurs ou propriétaires que tel ou tel cheval n'avait aucune chance d'arriver premier, parce qu'il ne tournait pas bien. Je suis convaincu que si ces chevaux, souvent raides comme des barres de fer, avaient été assouplis dans leur jeunesse, ils prendraient mieux les tournants, parfois très courts, de ces petits hippodromes, et ne se trouveraient pas hors de course.

1. Pendant le cours de la deuxième leçon, le cheval sera devenu docile et l'aide, par conséquent, inutile.

2. Généralement deux leçons d'une demi-heure, données en un jour, suffisent.

mandements, que l'on prononcera sur une *intonation convenue*, pour obtenir toujours les mêmes résultats; car il est très important que chez un éleveur, chez un entraîneur, dans un escadron ou dans un régiment, les chevaux puissent être maniés indistinctement par tous les hommes qui composent le personnel.

Nous conseillons les commandements qui suivent, parce qu'ils sont les plus généralement employés :

Un appel de langue pour se porter en avant.
Oh! Oh! Oh! pour ralentir l'allure.
Holà! pour arrêter.
Viens! pour faire venir le cheval au centre[1].

Le commandement *Oh! Oh! Oh!* se prononce sur un ton doux; comme s'il y avait *Oho, Oho, Oho,* et en laissant tomber la voix sur la deuxième syllabe *o*.

Le commandement *Holà!* se prononce sur un ton un peu plus ferme que le précédent, en prolongeant un peu la première syllabe *Ho* et en laissant tomber la voix sur la deuxième syllabe *là*.

Le commandement *Viens!* se prononce sur le ton d'indication, qui ne comporte aucune inflexion de voix.

Les commandements doivent être prononcés assez haut par l'instructeur pour être bien compris par le cheval, et assez bas cependant pour ne pas gêner les autres chevaux qui seraient en dressage sur le même terrain d'exercice.

Par ce moyen, on arrivera très vite, et sans qu'il soit presque besoin ni des indications du caveçon, ni de l'action de la chambrière, à habituer le cheval à se porter en

1. Ces deux derniers commandements sont adoptés par le règlement sur les exercices de la cavalerie, dans le travail à la longe.

avant, aux deux mains et à toutes les allures[1], à passer d'une allure vive à une allure lente, et réciproquement; puis à passer d'une allure quelconque à l'arrêt, et enfin à se diriger sur le centre, qu'il marche ou soit arrêté droit sur le cercle[2]. Dans la cavalerie, on a donné dernièrement une très grande importance au travail à la longe; car, suivant les prescriptions du règlement d'exercice, c'est par ce moyen que tous les chevaux doivent être dressés au passage des obstacles, et lorsqu'un homme de recrue éprouve quelque appréhension dans les premières leçons d'équitation, l'instructeur doit le faire monter sur un cheval tenu à la longe, et l'exercer en cercle autant qu'il sera nécessaire pour le mettre en confiance. Si donc on voulait se conformer à l'esprit du règlement, non seulement tous les chevaux devraient être dressés à ce travail, mais il importerait même qu'ils fussent en état d'obéir presque uniquement aux indications de la voix; car les escadrons ne peuvent pas disposer d'autant de caveçons qu'il serait nécessaire, étant donné le nombre considérable de recrues qu'il y aurait avantage à mettre en confiance par ce moyen très rapide; le règlement prescrit alors de passer une longe[3] dans les deux anneaux du bridon, qui fait ici l'office de caveçon. Il faudra donc que le dressage à la voix soit assez complet pour qu'il devienne inutile de se servir de la longe avec force, soit pour ralentir, soit pour arrêter net, dans le cas où le

1. Le galop cadencé ne pourra être obtenu dans les deux premières leçons, le cheval n'ayant pas acquis la souplesse suffisante pour marcher à cette allure sur le cercle.

2. Cette observation n'est importante que si le cheval est destiné au travail de voltige.

3. On se sert d'une corde à fourrage.

cavalier viendrait à perdre l'équilibre; car, si l'usage de la longe devenait nécessaire, le filet blesserait inévitablement les lèvres du cheval[1], lequel deviendrait, par suite de cette blessure, d'une conduite difficile. C'est pourquoi, le cheval de troupe, imparfaitement dressé, ne pouvant être longé sans inconvénients fort graves pour sa bouche, on se voit dans l'impossibilité d'utiliser un moyen aussi rapide que pratique pour mettre en confiance l'homme de recrue.

2° Aux indications qui lui sont transmises par le caveçon.

Le caveçon sert à maintenir le cheval sur le cercle par des oscillations horizontales de longe, à l'éloigner du centre[2], à modérer son allure, à l'arrêter droit sur le cercle, à le châtier par des saccades plus ou moins fortes; puis, le cheval marchant ou étant arrêté droit sur le cercle, à le faire venir au centre à la moindre traction de l'instructeur sur la longe; enfin, à le faire changer de main, en exécutant une demi-volte entre la circonférence et le centre du cercle[3].

Le cheval devra, en conservant son allure, se maintenir

1. Le filet exerçant son action sur les lèves, parties beaucoup plus sensibles que le chanfrein, il faut bien plus de tact pour manier une longe attachée à un filet, que s'il s'agissait d'une longe attachée à un caveçon ordinaire; aussi trouvera-t-on plus d'avantages à attacher la longe à l'anneau qui se trouve en avant sur la muserolle du licol d'écurie.

2. Il sera utile, lorsqu'on voudra éloigner le cheval du centre, de détruire, par un appel de langue ou par la chambrière, l'effet rétrogade produit par les oscillations de la longe.

3. Le cheval, étant au trot, arriverait encore facilement à changer de main, sans changer d'allure; mais le changement de main au galop exigerait un exercice très prolongé pour faire acquérir à l'animal toute la souplesse nécessaire à l'exécution facile d'un changement de pied.

sans contrainte sur le cercle, à l'aide de la longe[1] qui ne sera ni tendue, ni flottante. De plus, il devra, sans opposer la moindre résistance, rétrécir ou élargir le cercle, selon que l'instructeur lui reprend ou lui accorde de la longe.

Le défaut, très commun d'ailleurs, qui consiste à tirer sur la longe, rend ce travail impraticable, à cause des inconvénients forts graves qui en sont la suite[2]. Une telle manière de faire rend les allures déréglées ; de plus, l'animal affolé, luttant avec énergie contre la force qui le retient au centre malgré lui[3], jette ses hanches en dehors, et se fatigue inutilement.

De son côté, l'instructeur, qui ne devrait éprouver aucune fatigue, se trouve bientôt à bout de force.

Dans ces conditions, ce n'est certainement pas une erreur de considérer ce travail comme très pénible pour l'animal, et, de fait, il produit plus que de la fatigue. Mais la véritable erreur consiste à le donner de telle sorte que, ressemblant plus à une suite de défense qu'à un exercice pris tout le temps avec calme, il occasionne cette fatigue inutile, dont la conséquence inévitable est d'aigrir le caractère au lieu de l'assouplir et de réduire l'animal au lieu de le développer[4].

1. Lorsque le travail à la longe est donné dans un manège circulaire, la longe, devenant inutile pour maintenir le cheval sur le cercle, ne sert plus qu'à régler les allures.

2. Le cheval de cavalerie mis à la longe avec le filet, faisant office de caveçon, ne tardera pas à avoir la bouche écorchée s'il tire sur la longe.

3. L'instructeur qui, dans le but d'inspirer confiance à l'homme de recrue, se servirait d'un cheval aussi mal dressé à la longe, augmenterait l'appréhension au lieu de la faire disparaître.

4. Dans les endroits où se trouvent des chevaux de course, le travail à la longe devrait être parfaitement appliqué, à cause de la valeur souvent très grande des poulains qui y sont assujettis. Or, c'est précisément dans

L'emploi du caveçon comme moyen de correction est d'une grande utilité dans le dressage des chevaux de tout âge.

Mais il importe de savoir s'en servir et d'en connaître parfaitement la valeur; car cet instrument, utile dans la main qui en connaît l'usage, est nuisible dans celle qui ne sait pas l'employer ou qui l'emploie sous l'influence de la colère.

Lorsqu'on veut corriger un cheval par le caveçon, on lui fait sentir sur le chanfrein quelques légères saccades, produites par des oscillations verticales de longe; mais, si on veut produire une saccade très violente, on tire à soi la longe avec la main droite le plus en arrière possible, on élève aussitôt la main, en la portant d'abord en avant, puis en arrière, pour exécuter, avec rapidité et sans lâcher la longe, ce que l'on fait quand il s'agit de jeter une pierre avec force. De cette manière, non seulement on imprime avec le caveçon une forte secousse sur le chanfrein, mais la longe ajoute encore à cette commotion en venant frapper en long entre les deux naseaux[1].

ces endroits-là, que les entraîneurs trouvent le plus difficilement des hommes ayant assez de tact pour donner ce travail.

Il suffit, pour s'en rendre compte, d'aller voir un matin le spectacle navrant que nous offre la pelouse de Chantilly à l'heure du dressage, où l'on est censé donner à chaque cheval un travail en rapport avec ses forces et son âge. Dès lors, on ne s'étonnera plus de rencontrer tant de chevaux de course ayant le caractère aigri, et portant les traces de nombreuses tares, produites le plus souvent par la brutalité avec laquelle on se sert du caveçon.

1. Cette dernière méthode, qui diffère peu de celle donnée par le comte d'Aure, nous a été enseignée par le commandant Dutilh, écuyer en chef à l'École de cavalerie, qui était d'une habileté consommée dans le maniement de la longe.

3° A l'action de la chambrière.

La chambrière sert à porter le cheval en avant, à augmenter son allure, à l'éloigner plus ou moins du centre, suivant qu'on la lui montre plus ou moins, et enfin à le châtier.

Lorsque le cheval tire sur la longe, on le doit presque toujours à la chambrière, dont on s'est servi inutilement et maladroitement, et qui, en effrayant l'animal, le dispose à fuir celui qui la tient, ou, ce qui revient au même, à tirer sur la longe; défaut très commun et qui rend absolument impraticable le travail à la longe.

C'est pour cette raison que nous n'en admettons pas l'usage entre les mains de l'instructeur, avant que le cheval réponde aux indications de la voix et du caveçon[1]. Jusqu'à ce moment, une cravache suffira à l'instructeur, soit pour porter le cheval en avant, soit pour l'éloigner du centre; quant à la chambrière, elle sera utile dans le cas seulement où le cheval mettrait de la mauvaise volonté à se porter en avant; et alors elle sera tenue par l'aide, qui se conformera, ainsi que l'instructeur, aux observations suivantes, dont le but est d'éviter que le cheval ne s'effraie et ne tire sur la longe, en fuyant celui qui tient la chambrière.

Le cheval ne doit ni voir, ni entendre la chambrière[2]. Il la sentira seulement sur l'arrière-main[3]. Lorsqu'on en fera usage, elle sera tenue la poignée dans la main, le

1. A la fin de la deuxième leçon, et avant de renvoyer l'aide, on pourra prendre la chambrière.

2. Le général L'Hotte, quand il commandait l'École de cavalerie, avait défendu que l'on mît des mèches aux chambrières pour éviter de les faire claquer.

3. Généralement au-dessus des jarrets.

gros bout sortant du côté du pouce, la mèche traînant à terre et suivant le cheval (*fig.* 1). Lorsqu'on voudra la faire sentir au cheval, on rapprochera le pouce du corps et on écartera le coude plus ou moins brusquement, suivant le désir de frapper plus ou moins fort. De cette manière, on évitera les mouvements de bras qui pourraient effrayer l'animal, et l'action de la chambrière sera assez forte pour tout ce qui est dressage. On la tiendra, le gros bout sortant du côté du petit doigt, lorsqu'on voudra lui donner une action très forte, dans le cas, par exemple, où l'on sera forcé de s'en servir comme moyen de correction, ce que, d'ailleurs, je conseillerai de faire avec une extrême prudence, attendu que le cheval effrayé prendrait très vite la mauvaise habitude de tirer sur la longe et perdrait ensuite difficilement ce défaut.

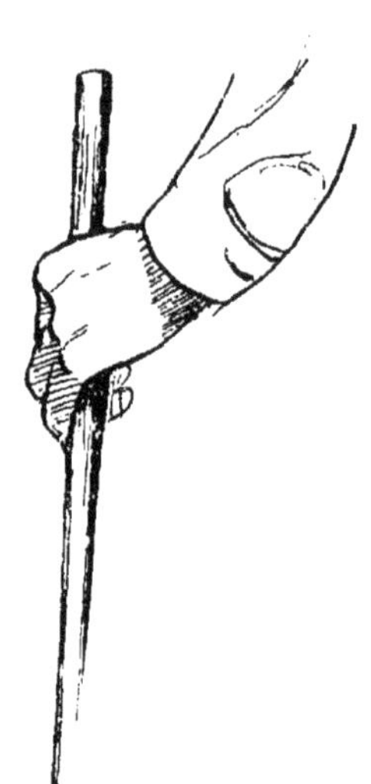
Figure 1.

Rien n'est plus facile que de corriger le cheval, qui, pendant le travail, tend toujours à rétrécir son cercle en se rapprochant de l'instructeur; il suffit simplement de lui montrer la cravache ou la chambrière, ou encore, si c'est nécessaire, de le toucher avec elle, soit à l'épaule, soit à l'encolure. Le cheval travaillant sur un cercle étroit[1], le manche du fouet, que l'on fait glisser dans la main, suffira souvent pour l'éloigner du centre. On évitera ainsi de retourner la chambrière pour la mettre le gros bout

1. On verra dans la suite que le cercle doit toujours être étroit dans les premières leçons.

sortant du côté du petit doigt, ce qui ne saurait se faire sans produire des mouvements de bras, dont la conséquence forcée serait d'effrayer l'animal et de le faire tirer sur la longe[1].

4° A l'action combinée de ces divers moyens.

Lorsqu'on dresse un cheval, on doit se servir simultanément de la voix, du caveçon et de la chambrière; car, chacun de ces moyens devant aider ou remplacer l'un des autres, leur action combinée, suivant les besoins, ne peut évidemment que faciliter et assurer l'obéissance du cheval.

CHAPITRE III

MÉTHODE DE DRESSAGE A LA LONGE.

Dresser un cheval promptement, bien, et sans fatigue inutile même pour l'homme, voilà le but.

On arrive à ce résultat en se servant simultanément de la voix, du caveçon[2] et de la chambrière, et en ne mettant le cheval sur un grand cercle aux allures vives, qu'a-

1. J'ai dit plus haut que le cheval ne devait pas entendre la chambrière. Il y cependant un cas où cela sera nécessaire : ce sera quand, une fois dressé, il travaillera sur un cercle assez grand pour que la mèche ne puisse pas l'atteindre. Alors on la lui fera entendre en arrière pour augmenter l'allure, et à hauteur de la tête pour l'éloigner du centre s'il refuse d'agrandir le cercle à la simple vue de la chambrière.

2. On devra habituer le poulain à supporter le caveçon en le lui laissant à l'écurie pendant quelques heures et ensuite en le tenant par la longe dans quelques promenades.

près avoir obtenu de lui une obéissance suffisante au pas, sur un cercle étroit.

On emploiera à cet effet une longe à laquelle on ne laissera d'abord qu'un mètre environ de longueur[1] : il sera facile ainsi de maintenir un cheval au pas et de l'empêcher de gambader. La longe n'aura pas de nœuds[2], afin qu'elle puisse glisser aisément dans la main, si on le désire ; de plus, elle sera légère, afin de ne pas gêner le cheval lorsque, dressé, il travaillera sur un grand cercle.

L'instructeur s'assurera que le caveçon est bien ajusté au-dessous des joues, assez haut pour ne pas gêner la respiration, et que la muserolle est suffisamment serrée pour ne pas avoir trop de jeu, ce qui rendrait son action trop violente et permettrait aux montants de venir offenser l'œil du côté du dehors dans le travail en cercle. A cause des changements de main fréquents, la longe sera attachée à l'anneau du milieu et non sur les côtés du caveçon[3].

L'instructeur commencera par le travail à main gauche[4] en tenant la longe de la main gauche et la cravache (la mèche en arrière) dans la main droite[5]. Il aura derrière

1. L'instructeur devra se méfier des coups de pied avec les chevaux gais ou vicieux et leur donner plus ou moins de longe.

2. L'emploi de la longe, maintenue très courte dans les commencements, permet d'être absolument maître du cheval et dispensera plus tard d'employer de la force avec des animaux qui auront pris l'habitude d'obéir. Les nœuds, mis habituellement aux longes, ne feraient donc que nous gêner.

3. Si on n'a pas de caveçon, la longe sera attachée, ainsi qu'il a été dit plus haut, à l'anneau qui est au milieu de la muserolle du licol.

4. L'instructeur se trouvant plus commodément placé quand il donne le travail à cette main.

5. L'instructeur, en se rendant sur le terrain, conduit le cheval soit par les rênes de bridon, que l'on met par-dessous le caveçon, soit par la longe tenue de la main droite, et garde dans la main gauche la réserve de la

lui un sous-instructeur, qui a pour mission de lui servir d'aide dans les premières leçons et de tenir enroulée la réserve de la longe, de telle manière qu'entre lui et l'instructeur cette longe ne soit ni tendue, ni assez flottante pour traîner à terre.

Marcher à l'appel de langue. — On commencera la leçon par habituer le cheval à se porter en avant à l'appel de langue. Pour cela l'instructeur, tenant la longe de la main gauche et la cravache la mèche en bas, se met à la tête du cheval du côté montoir ; l'aide ayant dans la main gauche la réserve de la longe et dans la main droite la chambrière *placée comme nous l'avons prescrit,* reste immobile à côté du flanc du cheval : l'instructeur et l'aide sont ainsi sur une même ligne parallèle à la direction du cheval (*fig.* 2).

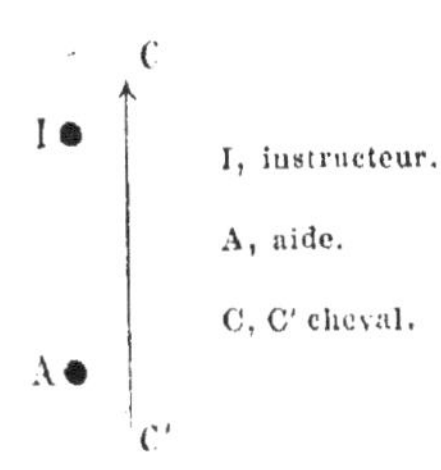

Figure 2.

L'instructeur pousse avec la main droite la tête du cheval et oblige ainsi l'animal à se déplacer comme s'il voulait le faire tourner du côté extérieur au cercle ; il fait exécuter ce mouvement autant que possible en avançant et accompagne le cheval dans sa conversion jusqu'à ce que l'aide, *sans avoir changé de place,* se trouve en arrière de l'animal et même *un peu à droite de sa croupe,* si on veut faire décrire un cercle à main gauche (*fig.* 3). (On éprouverait de la difficulté avec certains chevaux à obtenir le tourner en leur poussant la tête du côté

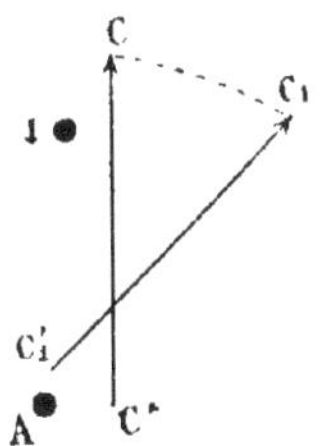

Figure 3.

---

longe ainsi que la chambrière, la mèche en arrière. Avant de commencer le travail à la longe, il a soin de faire un nœud aux rênes de bridon et de les passer dans la sous-gorge du caveçon pour éviter qu'elles ne traînent à terre.

vers lequel on veut qu'ils marchent. Il sera facile d'y arriver en ayant soin, avant la première leçon de longe, de les faire promener en main, tenus tantôt à droite, tantôt à gauche, le long d'un mur ou sur la piste dans un manège : on a recours à de fréquents changements de main par des demi-voltes ou des demi-voltes renversées et toujours en poussant la tête du cheval pour tourner, au lieu de l'attirer à soi (*fig.* 4).

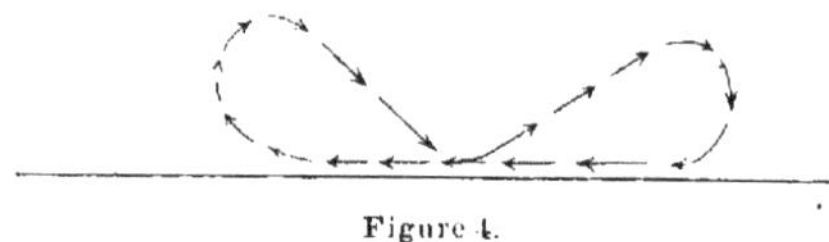

Figure 4.

L'instructeur fait alors un appel de langue, qui, s'il n'est pas immédiatement suivi du mouvement en avant, est appuyé d'un coup de chambrière plus ou moins fort, suivant le besoin, et appliqué sur le côté droit de la croupe. Ce mouvement de chambrière est facile à l'aide, si ce dernier se trouve en arrière et à droite de la croupe (*fig.* 2), place qu'il occupera certainement si l'instructeur a suffisamment fait tourner le cheval. — Nous insistons à dessein sur le coup de chambrière appliqué par l'aide placé en dehors du cercle ; si cet aide était en dedans du cercle, il ferait ranger en dehors les hanches du cheval et ce dernier tirerait sur la longe, défauts que nous cherchons à éviter avant tout. Aussi nous mettons l'aide à même d'attaquer le cheval du côté extérieur au cercle, en lui recommandant cependant d'agir de façon à ne pas renvoyer l'animal vers le centre, ce qui est pourtant aisé à corriger, l'instructeur n'ayant que trop de facilité pour rejeter le cheval en dehors du cercle.

L'effet de l'appel de langue ou de la chambrière sera de porter le cheval en avant. L'instructeur restant immobile permet à ce mouvement de se produire sur 1 mètre ou $1^{m},50$, en laissant couler la longe de cette longueur seulement, de manière à contraindre l'animal à décrire un petit cercle autour de lui. — Si le cheval marche franchement sur le cercle, l'instructeur lui donne un peu plus de liberté en l'accompagnant sur un cercle intérieur et en ayant soin de se maintenir toujours un peu en arrière de la tête, afin de ne pas le précéder dans sa marche. — Si, après deux ou trois pas, le cheval s'arrête (ce qui arrive le plus souvent) en faisant face à l'instructeur, ce dernier doit éviter même d'essayer de le reporter en avant; il doit, au contraire, l'attirer à lui, si c'est possible, lui rendre avec la longe, le mettre en confiance en le caressant, puis recommencer la leçon en se plaçant de nouveau, ainsi que l'aide, sur une ligne parallèle à l'axe du cheval. — Cette leçon très importante demande beaucoup de patience de la part de l'instructeur; mais il est rare que, répétée trois ou quatre fois, elle ne suffise pas à faire comprendre l'appel de langue, qui est ensuite utilisé avec succès quand le cheval veut s'arrêter sur le *petit cercle* qu'on cherche à lui faire décrire *au pas*. — L'aide pourra, si c'est nécessaire, suivre le cheval, mais devra décrire un cercle un peu extérieur à celui tracé par le cheval, et, par conséquent, plus grand, pour éviter absolument de faire tirer l'animal sur la longe.

En général, l'instructeur rend toute cette leçon plus facile en se servant d'un des coins du manège.

Arrêter. — On continuera la leçon en apprenant au cheval à s'arrêter sur le cercle.

Venir au centre. — Il faudra aussi lui apprendre, à l'indication *Viens* et à la moindre traction de l'instructeur sur la longe, à se diriger sur le centre[1]. Il faudra même être exigeant pour ce dernier mouvement; si le cheval, arrivé à quelques pas de l'instructeur, se campait en refusant d'avancer, on doit, au lieu de céder en allant à lui (comme c'est souvent la tendance), reculer plutôt d'un ou deux pas, le déplacer par côté pour le mobiliser, chercher à l'attirer à soi; si le cheval se campait toujours, l'aide recevrait l'ordre de passer par derrière pour le pousser vers le centre, mais en faisant un détour assez grand pour ne pas effrayer le cheval avant d'être parfaitement derrière lui. On récompense immédiatement l'animal de son obéissance en lui rendant avec la longe, puis par une caresse ou une poignée d'avoine.

Les mouvements bien exécutés à main gauche seront répétés à main droite, suivant les mêmes principes et par les moyens inverses, en observant de faire travailler le cheval à cette dernière main autant qu'à l'autre.

Changer de main. — Pour changer de main, l'instructeur fait venir le cheval au centre, abandonne la longe et tourne par derrière l'aide, en faisant passer la cravache ou la chambrière de la main droite dans la main gauche[2].

Il a soin d'opérer ce changement par derrière lui pour éviter que le cheval ne voie la chambrière, ce dont il ne manquerait pas de s'effrayer. Toutes les fois que l'instructeur voudra abandonner la longe pour une raison

1. Dans les commencements, les premiers arrêts nécessitant quelques saccades qui peuvent effrayer le cheval et lui donner de la tendance à tirer sur la longe, il est bon, quand il a obéi, de le faire venir très souvent au centre.

2. Si la chambrière est tenue, comme nous l'avons prescrit, on la passe facilement d'une main dans l'autre, et cela sans effaroucher l'animal.

quelconque, il aura soin, pour ne pas la laisser traîner à terre, de remettre à l'aide la partie de la longe qu'il tient dans la main, et celui-ci, restant à sa place, dirigera momentanément le cheval.

Habituer le cheval à se porter du centre sur la circonférence. (Progression à suivre.) — L'instructeur habituera le cheval à se porter du centre sur la circonférence ; à cet effet, tout en restant de sa personne à peu près immobile, il le mettra en mouvement par un appel de langue[1], en même temps qu'il lui fera sentir la cravache à l'épaule.

Cette action de la cravache éloignera les épaules du centre, en faisant pivoter le cheval sur les hanches. L'instructeur se trouve ainsi tout naturellement placé en arrière du cheval et dans une parfaite position pour le pousser en avant.

On remarquera que, dans ce mouvement, le cheval s'échappe par les épaules, et que les hanches restent un instant en dedans du cercle, ce qui leur donne moins de facilité à fuir en dehors.

Le cheval s'habitue très vite à se ployer sur le cercle.

Après deux ou trois exercices de cette nature à main droite et à main gauche, l'action de la cravache deviendra inutile ; il suffira à l'instructeur de pousser la tête du cheval en lui appliquant la main droite[2] au-dessous de la

1. Si le cheval ne comprend pas, il reste entendu que l'instructeur a recours à l'aide, afin de ne laisser aucun doute au cheval sur ce qui lui est demandé.

2. La main qui pousse la tête du cheval est précisément celle qui tient la chambrière. Il est donc important de tenir cette dernière comme nous l'avons prescrit, c'est-à-dire de manière à ne pas gêner l'instructeur et à ne pas effrayer le cheval.

joue gauche, si on veut mettre le cheval en cercle à gauche.

Le cheval sera ensuite exercé à s'éloigner et à se rapprocher du centre, suivant que l'instructeur lui donnera ou lui reprendra de la longe.

Travail au pas et au trot. — Le cheval sera exercé encore :

1° A passer du pas au trot et réciproquement, puis du trot à l'arrêt ;

2° A partir de l'arrêt au trot, soit sur le cercle, soit en se portant du centre sur la circonférence.

Changement de main sur le cercle (*fig.* 5). — Le cheval apprendra à changer de main sur le cercle, par une demi-volte. Pour ce dernier mouvement, le cheval marchant à main gauche au pas et sur un cercle d'abord peu étendu, l'instructeur abandonne la longe, passe derrière l'aide, reprend la longe de la main droite, s'arrête et attire le cheval de manière à lui faire faire face au centre, puis il l'oblige immédiatement à terminer sa demi-volte en marchant un pas ou deux vers la droite et en étendant le bras droit pour entraîner l'animal dans la nouvelle direction.

On devra les premières fois, pour terminer la demi-volte, se servir de l'aide, dans la suite, la chambrière et un appel de langue suffiront.

Lorsque le cheval saura exécuter les changements de main sur un grand cercle, l'aide deviendra inutile.

Dans le travail à main gauche ou à main droite, l'instructeur, selon la main à laquelle il fait marcher, laissera

Figure 5. — Changement de main.

à terre et à sa gauche ou à sa droite, la réserve de la longe, autour de laquelle il marchera pour accompagner le cheval sur le cercle, comme il marchait autour de l'aide. Il peut également avoir la réserve de la longe dans la main gauche et conduire le cheval avec la main droite, qui tient aussi la chambrière ; mais l'épaisseur de la longe et de la chambrière réunies embarrasse et rend ce procédé gênant et peu pratique.

Le cheval est exercé d'abord au pas sur un cercle étroit, ensuite au trot sur un grand cercle, à faire des changements de main répétés, c'est-à-dire que l'instructeur le laisse marcher cinq ou six pas seulement entre chaque changement de main et obtient ainsi des *8* un peu allongés. L'instructeur, en outre, ne s'astreint pas à changer sa longe de main à chaque mouvement (*fig.* 6).

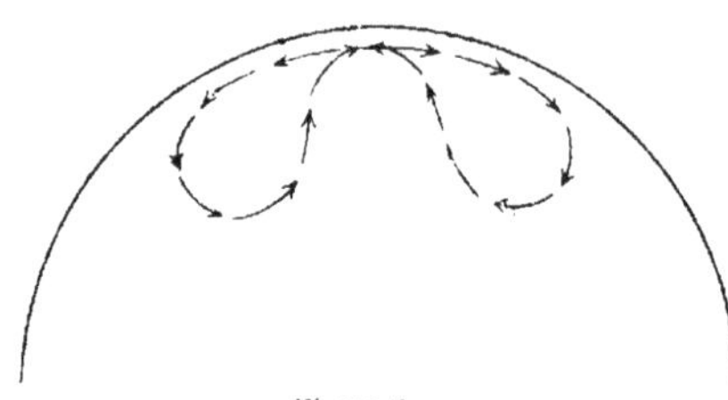

Figure 6.

Nota. — Lorsque le travail à la longe est donné à un animal bien dressé, et uniquement dans le but de remplacer une promenade, on le fait exécuter sur un cercle aussi grand que possible et alors l'instructeur peut, tout en restant au même point et sans pivoter sur lui-même, ne tenir la longe qu'avec une seule main et la passer alternativement d'une main dans l'autre, pour la faire tourner autour du corps, à mesure que le cheval s'avance sur le cercle. En employant cette dernière méthode, l'instructeur fera bien de laisser à terre et près de lui la chambrière, qui est d'un emploi difficile et incommode.

Travail au galop. (Progression à suivre.) — L'instruction au trot étant terminée, il suffira généralement pour obtenir le galop, d'accélérer l'allure. Mais si le cheval, quoique jugé suffisamment souple, prenait difficilement le galop[1], il faudrait insister sur les départs au trot de pied ferme, le cheval allant du centre à la circonférence; en étant de plus en plus exigeant dans ce travail, on arrivera très vite à obtenir une ou deux foulées de galop, après lesquelles on devra arrêter le cheval, le ramener au centre et le caresser.

On répétera cet exercice alternativement aux deux mains; et, de cette façon, on obtiendra promptement une complète obéissance du cheval, quand il sera sur le cercle; on l'y exercera à passer du trot au galop, du pas au galop, de l'arrêt au galop, et réciproquement.

Si, malgré les précautions prises dans cette leçon, le cheval s'était effrayé de la chambrière et, par suite, avait tendance à tirer sur la longe, il faudrait terminer cet exercice en reprenant le travail au pas sur un cercle étroit.

---

1. Le cheval sur lequel on serait obligé de frapper violemment avec la chambrière, pour le décider à prendre le galop sur le cercle, ne tarderait pas à tirer sur la longe, à jeter ses hanches en dehors, à galoper faux ou désuni et se fatiguerait inutilement. C'est pour éviter ces défauts que nous conseillons de renoncer avec un tel cheval au départ au galop sur le cercle, et d'insister au contraire sur les départs au trot de pied ferme, faits en quittant le centre; car à cette place, l'instructeur se servant aisément de la chambrière, sans être vu du cheval, pourra augmenter ses exigences dans la précipitation de l'allure et obtenir le galop, qui sera d'autant plus réglé que l'usage de la chambrière deviendra plus inutile.

DEUXIÈME PARTIE

DRESSAGE A L'OBSTACLE

CHAPITRE Ier

UTILITÉ DE DRESSER LE CHEVAL A L'OBSTACLE.

Le saut est un mouvement aussi naturel au cheval que la marche au pas, au trot et au galop.

Nul ne conteste l'utilité du dressage pour développer et régler les différentes allures. Il faut également dresser au saut, parce que, pour ce mouvement plus que pour tout autre, il importe de rendre le cheval fort et adroit et d'éviter certaines fautes dont les conséquences, en raison même de la violence de l'effort, sont toujours fâcheuses. Aussi serait-il sage de ne pas amener sur des obstacles le cheval auquel on n'a pas encore appris à sauter.

La franchise et l'adresse, qui sont deux qualités essentielles et allant l'une avec l'autre, s'obtiennent à la condition seulement que le cheval n'éprouve en sautant ni fatigue, ni souffrance inutiles.

Pour arriver à ce résultat, il est nécessaire que le cheval soit exercé au saut, d'abord afin d'assouplir et de fortifier certains muscles, tels que ceux des épaules et des bras, qui travaillent le plus dans ce mouvement ; ensuite afin de prendre et garder l'habitude de pratiquer toujours le saut, tel que l'exécutent en liberté tous les quadrupèdes en général, alors que rien n'est venu combattre leur naturel.

Mais, hâtons-nous de le dire, si un cheval, doué d'un bon naturel ou mis par le dressage dans d'excellentes conditions pour sauter, avait affaire souvent à une main inhabile, le privant du libre emploi de ses forces, il se trouverait bien vite dans l'impossibilité d'exécuter le saut régulier; par suite des souffrances et des fatigues inutiles, conséquences du saut mal exécuté, il perdrait vite la franchise et l'adresse acquises par les bienfaits du dressage.

On néglige le plus souvent le dressage aux obstacles, parce que peu de personnes savent apprécier un bon sauteur. On entend généralement donner cette qualification à des chevaux qui sauteront avec franchise, dans un manège ou sur un terrain de manœuvres, quelques obstacles parfaitement connus par eux et toujours disposés de la même manière, mais qui, ayant une éducation insuffisante, refuseront de sauter dans un autre manège, sur un autre terrain de manœuvres ou en rase campagne. On s'inquiétera peu de savoir si le cheval a été assez exercé pour que le saut soit devenu pour lui aussi peu fatigant que possible; on ne s'inquiète pas davantage de la manière dont le cheval s'y prend pour sauter; et cependant là est surtout la cause du plus ou moins de fatigue, et par suite de la possibilité de répéter le saut plus ou moins souvent.

Si le cheval se précipite sur les obstacles au lieu de les franchir avec calme, on dira que c'est une preuve de son amour pour le saut, tandis que c'est la conséquence forcée des souffrances occasionnées soit par des tares ou une conformation défectueuse, soit, et le plus souvent, par une bouche trop sensible ou par la mauvaise main du cavalier, soit par ces deux causes réunies.

On ne réfléchit pas non plus que cette soi-disant qualité rend le saut dangereux et qu'un cheval aussi peu maniable est d'un emploi incommode et désagréable, aussi bien pour le militaire que pour le chasseur.

Voilà ce que disent souvent ceux qui se servent du cheval dans des pays où les obstacles sont de très peu d'importance et se présentent très rarement; dans ce cas en effet, l'animal, si toutefois il a bon caractère, supportera patiemment les souffrances, relativement minimes, occasionnées par le saut mal exécuté mais peu fréquent. — Si, au contraire, on vient à se risquer dans des pays de chasse, où, restant au galop pendant une demi-heure, il faut franchir tous les deux cents mètres un grand obstacle, l'animal, que l'on croyait si excellent sauteur, après s'être décidé peut-être à franchir les premiers obstacles, ne veut bientôt plus endurer, à cause même de la répétition du saut, les souffrances occasionnées par sa mauvaise manière de s'y prendre; on le voit bientôt se dérober, si l'instinct de la conservation l'emporte sur la franchise, ou tomber épuisé, si la franchise l'emporte sur l'instinct de la conservation. La rétivité ou la ruine prématurée sont les conséquences de ces souffrances et de ces fatigues inutiles. Ces illusions perdues, si l'on persiste à vouloir parcourir des pays ainsi parsemés d'obstacles, on verra la nécessité de soumettre le cheval à un dressage qui le mette à même d'exécuter *le saut régulier dans lequel il n'y a ni souffrance ni fatigue inutiles.*

Il est certain que les chevaux lymphatiques, de mauvais caractère, tarés ou ayant une conformation défectueuse, sont peu propres à parcourir des pays aussi difficiles ; car un grand saut souvent répété, serait-il parfaitement exécuté, produit toujours une somme de fatigue et de souffrance qui met à contribution les qualités physiques et morales de l'animal.

Il est certain également que dans cette dernière catégorie de chevaux, qui est trop souvent celle donnée à l'armée, ou employée dans des pays de chasse qui ne réclament pas des natures d'élite, presque tous les sujets seront rendus capables de faire un excellent service, et cela sans augmenter leurs difficultés de caractère, ni développer les tares dont ils sont atteints. Mais il faudra qu'après leur avoir enseigné le *saut régulier et méthodique*, le cavalier arrive à ne mettre aucune opposition à son exécution, qui n'occasionnera alors ni souffrance ni fatigue inutiles.

Quelques chevaux possèdent une grande aptitude pour le saut, soit qu'ils jouissent d'une conformation particulière, soit, et c'est le plus souvent, qu'ils aient été élevés dans des pays coupés d'obstacles.

Le commandant Dutilh, ce célèbre écuyer qui fut notre maître, nous conseille de nous mettre en garde contre l'erreur consistant à croire qu'une instruction méthodique eût nui à un naturel aussi heureux.

CHAPITRE II

CE QU'ON ENTEND PAR UN CHEVAL BON SAUTEUR.

Un cheval de guerre ou de chasse saute bien, *lorsqu'il est susceptible de passer franchement, à toutes les allures*, c'est-à-dire au pas, au trot, au galop ordinaire, et au galop allongé, des obstacles de toutes natures, en plus ou moins grand nombre ; puis, lorsqu'il se *remet facilement*, l'obstacle passé, à l'allure que désire le cavalier, et cela *en se fatiguant le moins possible*.

Il suffit d'avoir suivi quelques chasses pour être convaincu qu'un cheval, remplissant toutes ces conditions, peut seul être qualifié bon sauteur.

En effet, n'est-il pas très gênant d'avoir une monture qui rétive ou se dérobe devant un obstacle, quelquefois de peu d'importance, parce que cet obstacle ne ressemble pas à ceux qu'elle a l'habitude de passer, ou n'est pas placé dans les mêmes conditions ?

N'est-t-il pas indispensable qu'un cheval de chasse ou de guerre soit assez maniable pour pouvoir sauter aux différentes allures, et se remettre, l'obstacle passé, à celle que désire le cavalier[1] ?

Il est évident aussi que si le cheval se fatigue inutilement en sautant, on ne pourra lui faire passer que peu d'obsta-

---

1. Alors que nous suivions les steeple-chases de province, simultanément avec ceux d'Auteuil et des hippodromes suburbains (qui se réduisaient alors à la Marche et au Vésinet), nous constations que les chevaux courant ordinairement sur ces hippodromes, lorsqu'ils allaient disputer les prix décernés dans les réunions de province avec la quasi-certitude de remporter une victoire facile sur des animaux d'un ordre inférieur, se trouvaient quelquefois hors de course assez promptement ou refusaient de sauter des obstacles d'une importance moins considérable que ceux passés journellement par

cles ; si l'on est dans la nécessité d'en aborder beaucoup, l'animal sous l'influence de la fatigue, et par suite de la souffrance, refusera, se dérobera ou s'usera prématurément[1].

CHAPITRE III

ÉTUDE RAISONNÉE DU SAUT DU CHEVAL EN LIBERTÉ.

Il n'est pas indifférent que le cheval saute de telle ou telle manière ; il importe au contraire qu'il exécute ce mouvement, de façon à supprimer tout effort inutile.

Pour étudier le saut, il est nécessaire d'examiner l'animal en liberté, parce qu'alors rien ne le gêne et il s'y prend suivant les règles de la nature.

---

eux sur les hippodromes qu'ils fréquentaient habituellement, et cela parce qu'une fois francs sur des obstacles artificiels faits sur le modèle de ceux rencontrés sur ces hippodromes, leur dressage était considéré comme terminé.

Que de fois nous avons vu des chevaux, dressés uniquement en vue de ces hippodromes suburbains, refuser de franchir, en promenade ou en chasse, des obstacles naturels, soit qu'ils aient été effrayés par la nature des obstacles, soit qu'ils n'aient jamais sauté à une allure relativement modérée ?

Ces défauts se rencontrent bien moins souvent aujourd'hui que les hippodromes suburbains sont en très grand nombre et que, par cela même, les chevaux sautent une très grande variété d'obstacles.

1. Dans le steeple-chase important, réservé aux chevaux de trois ans et qui se court annuellement à Auteuil, chaque écurie croit aux chances de son représentant, parce que souvent il a été choisi parmi les animaux qui, en course plate, ont une certaine qualité et ensuite parce qu'il semble avoir très bien pris au métier de sauteur.

Quinze à vingt chevaux partent dans cette course, dont le prix est très élevé, et cependant on n'en voit guère que quatre ou cinq debout à l'arrivée.

Ce résultat ne semble-t-il pas être la conséquence d'un dressage superficiel ? L'animal saute à merveille les quelques petits obstacles des terrains

Le cheval saute par la combinaison de trois choses :

1° *L'élan,*

2° *L'effort musculaire,*

3° *Son propre poids différemment réparti suivant les phases successives du saut.*

C'est cette dernière action qu'il s'agit d'étudier d'une manière spéciale, afin de démontrer que, s'il n'est mis aucune opposition à son entrée en ligne de compte, le saut se fera presque sans effort et par conséquent sans fatigue.

Nous commencerons par étudier les mouvements du cheval sautant un obstacle d'une certaine hauteur *au pas*. En effet, à cette allure, l'animal se trouvant à peu près privé d'élan, la double action de l'effort musculaire et de la répartition de son propre poids dans les différentes périodes du saut sera forcément beaucoup plus accusée ; par suite, les mouvements que doivent faire les différentes parties de son corps seront plus apparents et plus faciles à étudier.

1° *Étude du saut du cheval au pas.*

Nous distinguerons trois phases dans le saut :

A) *La battue,*

B) *Le saut proprement dit,*

C) *Le moment où le cheval arrive à terre de l'autre côté de l'obstacle.*

---

d'entraînement, et cela à une allure relativement modérée ; mais, se fatiguant en sautant, il ne peut soutenir longtemps un train sévère, comme il l'est généralement dans cette course.

Si l'on ne considérait pas le dressage comme terminé avant d'être sûr que le saut ne fatigue plus le cheval, on aurait certainement moins de déboires.

A) **La battue.**

En arrivant au pas sur l'obstacle, le cheval précipite ses dernières foulées pour se donner un peu d'élan et diminuer ainsi l'effort musculaire nécessaire pour franchir non seulement la hauteur, mais encore ce qu'il est obligé de couvrir en largeur quand il fait un saut en hauteur [1]. Il se ramasse en même temps en engageant l'arrière-main sous lui ; puis il retire la tête et l'encolure sur le tronc, pour reporter leur poids sur l'arrière-main et décharger ainsi l'avant-main, qui a toute facilité pour s'enlever ; cette facilité est d'autant plus grande que le retrait de la

Figure 7. Extension de la tête et de l'encolure qui précède leur retrait sur le tronc.

tête et de l'encolure a été plus prononcé. Ce retrait a été précédé par un mouvement d'extension, qui a donné un certain ballant à la tête et à l'encolure, puis a aidé et réglé leur retrait sur le tronc (*fig.* 7). Ce mouvement est

1. La largeur que le cheval couvre a pour mesure la distance comprise entre l'empreinte laissée sur le sol par le pied qui a été le plus rapproché

peu apparent, mais n'en existe pas moins, et le cheval se conforme, dans ce jeu de sa tête et de son encolure, à ce que fait l'homme avec sa main quand il veut jeter une pierre au loin : il étend d'abord en avant le bras et la main qui tient la pierre ; puis il retire le bras le plus en arrière possible, pour le reporter ensuite en avant et lancer sôn projectile.

Plus le premier mouvement aura d'étendue, plus le deuxième en aura également ; et plus le deuxième mouvement aura d'étendue, plus le troisième aura de force pour jeter la pierre au loin (*fig.* 8).

L'extension qui précède le retrait de la tête et de l'encolure sur le tronc, a aussi une grande importance au point de vue de la sûreté du saut, parce qu'elle permet à l'animal de se rendre bien compte de l'obstacle qu'il va franchir.

B) **Le saut proprement dit.**

Grâce à la disposition de l'arrière-main, qui s'engage et est surchargé par le retrait de la tête et de l'encolure sur le tronc, le cheval enlève facilement l'avant-main ; mouvement dû aussi en grande partie à la détente des épaules, faisant en quelque sorte l'office d'un ressort, et au ploiement simultané des membres antérieurs (*fig.* 9).

L'animal n'a pas encore achevé l'enlevé du devant qu'il détend aussitôt son arrière-main en donnant un vigoureux effort.

Cette détente, jointe à l'élan produit par la précipita-

---

de l'obstacle avant de le franchir (très généralement un pied antérieur) et l'empreinte du pied qui a été également le plus rapproché de l'obstacle après l'avoir franchi (presque toujours un pied antérieur). Cette largeur est considérable : à un galop ordinaire et pour des obstacles ordinaires aussi, elle varie d'environ 2m,80 à 4m,50. — Ces observations étonneront peut-être ; elles ont été faites cependant sur beaucoup de chevaux.

Figure 8.

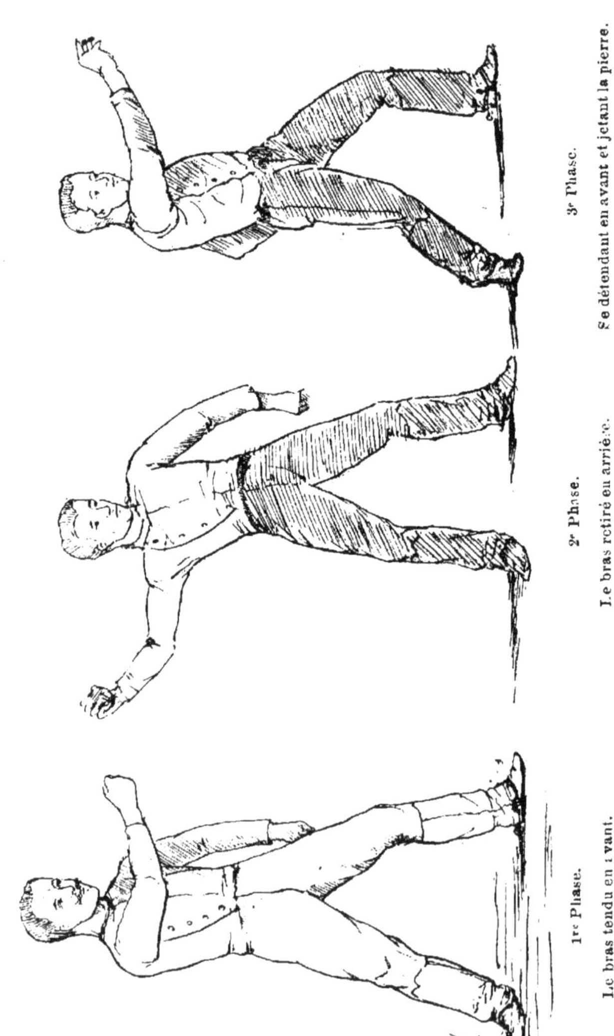

1re Phase.
Le bras tendu en avant.

2e Phase.
Le bras retiré en arrière.

3e Phase.
Se détendant en avant et jetant la pierre.

tion des dernières foulées, permet aux membres antérieurs, repliés sous le tronc, d'arriver à une hauteur suffisante pour pouvoir passer au-dessus de l'obstacle.

Le mouvement d'extension de l'arrière-main n'est pas

Figure 9. — Enlever de l'avant-main (1re phase).

encore terminé, que le cheval détend l'avant-main, en jetant en avant ses membres antérieurs et en allongeant le plus possible sa tête et son encolure. Puis il replie sous lui ses membres postérieurs pour les empêcher de toucher l'obstacle[1] (*fig.* 10).

Le mouvement d'extension de l'avant-main et le reploiement des membres postérieurs sous le corps font passer

1. Quelques chevaux, au lieu de ployer les membres postérieurs sous le corps, les détachent comme pour une ruade, ce qui est assez rare d'ailleurs et semble tenir à la nécessité où peut se trouver le cheval de reporter du poids en arrière, parce qu'il a détendu par trop son avant-main. Cette manière de faire disparaît à mesure que le cheval prend l'habitude d'exécuter le saut régulièrement.

du poids en avant; l'avant-main, qui tout à l'heure était plus léger que l'arrière-main, se trouvant maintenant plus lourd, l'animal fait alors la bascule; l'avant-main se dirige vers le sol, l'arrière-main se ramasse comme en sens contraire.

En résumé, pour faire passer le devant, le cheval porte

Figure 10. — Extension de l'avant-main (2e phase).

la plus grande partie de son propre poids sur l'arrière-main; et pour faire passer l'arrière-main, il porte au contraire la plus grande partie de ce même poids sur le devant.

La précipitation des dernières foulées, jointe à l'extension de l'arrière-main, donne l'élan nécessaire pour franchir la largeur.

C) Moment où le cheval arrive à terre de l'autre côté de l'obstacle.

L'avant-main ayant entraîné l'arrière-main dans un mouvement de bascule, les membres postérieurs arrivent à terre après les membres antérieurs et se placent plus ou moins près de ces derniers.

La tête et l'encolure reprennent alors leur position normale et l'animal continue sa marche [1].

2° *Étude du saut du cheval au galop allongé.*

Pour franchir un obstacle au pas, le cheval, étant à peu près privé d'élan, doit s'enlever près de l'obstacle et presque verticalement (*fig.* 11).

En effet, si, à cette allure, il s'enlevait de loin, il devrait, à cause du manque d'élan, déployer une quantité considérable de force musculaire pour couvrir ce qu'il faudrait en largeur; cette quantité de force pourrait même être au-dessus de ses moyens.

Au pas, l'enlever près de l'obstacle est donc essentiel pour que le saut s'exécute dans les meilleures conditions.

Au contraire, au galop allongé, le cheval s'enlève de plus loin, et non plus perpendiculairement mais obliquement au sol, de manière à s'élever comme par un plan incliné, jusqu'à la hauteur nécessaire pour franchir l'obs-

---

1. Tous les quadrupèdes (chiens, chats, etc.), qui sautent bien, ne s'y prennent pas autrement. Dans les courses de taureaux, nous avons vu souvent que, pour se dérober de l'arène, les animaux sautent, presque de pied ferme et sans avoir l'air de se donner aucune peine, des hauteurs prodigieuses. Il n'y a pas lieu de s'en étonner. La force du taureau étant dans sa tête et son encolure, et son poids se trouvant sur le devant, il lui suffit, après avoir enlevé ce devant, d'allonger avec force la tête et l'encolure pour faire la bascule et se trouver ainsi de l'autre côté de l'obstacle.

tacle (*fig.* 12). Ces deux conditions sont d'ailleurs solidaires l'une de l'autre. En effet, si le cheval s'enlève près de l'obstacle, il doit forcément s'enlever presque perpendiculairement au sol. Or, dans ce cas, il marque forcément un temps d'arrêt, sous peine de rencontrer l'obstacle, et

Figure 1. — Cheval au pas et s'enlevant près de l'obstacle.

c'est ce temps d'arrêt qu'il importe d'éviter dans le saut au galop allongé. A cette allure en effet, le temps d'arrêt, marqué avant le saut, offre de graves inconvénients : il fait perdre à l'animal tout le bénéfice de son élan, et l'oblige à ne sauter pour ainsi dire que par la manière dont il fait varier la répartition de son propre poids et par l'effort musculaire ; il éprouve par suite une fatigue inutile. De plus, si nous envisageons le cheval de course, le temps d'arrêt occasionne pour lui, en plus de la fatigue inutile que nous venons de constater, celle qu'il éprouve en cherchant à rejoindre entre les obstacles ses concurrents, qui n'ont pas ralenti l'allure en sautant.

En résumé, le bond que le cheval fait pour sauter au

Figure 12. — Cheval au galop et s'enlevant loin de l'obstacle.

galop allongé doit s'exécuter comme une foulée de galop, dans laquelle l'avant-main s'élèverait d'une quantité suffisante pour arriver à la hauteur de l'obstacle.

Comme au pas, ce résultat s'obtient par le retrait de la tête et de l'encolure sur le tronc et par le jeu de l'arrière-main qui s'engage plus ou moins suivant que l'obstacle nécessite plus ou moins de force. La différence est qu'au pas, l'extension préalable de la tête et de l'encolure, qui produit leur retrait sur le tronc, s'accuse bien davantage, tandis qu'au galop allongé cette extension est à peine appréciable. Elle n'en existe pas moins, tout aussi utile pour la facilité du saut et indispensable pour sa sécurité.

3° *Étude du saut du cheval aux allures intermédiaires.*

Connaissant la manière dont le cheval s'y prend pour sauter aux allures extrêmes, il est facile d'en déduire ce qu'il doit faire, selon que l'allure se rapproche le plus du pas ou du galop allongé.

Plus l'allure est lente, c'est-à-dire moins il y a d'élan, plus le jeu de la tête et de l'encolure est prononcé, plus aussi le cheval doit employer de force musculaire; par conséquent, plus il éprouve de fatigue en sautant.

Au contraire, plus l'allure est rapide, c'est-à-dire plus il y a d'élan, moins le jeu de la tête et de l'encolure est prononcé, moins aussi le cheval doit employer de force musculaire; par conséquent, moins il éprouve de fatigue dans l'exécution du saut.

CHAPITRE IV

MANIÈRE DE SE COMPORTER DU CAVALIER PENDANT LE SAUT.

L'expérience suivante a engendré le résultat qu'on va lire.

Lorsqu'après un exercice de quelques jours, on est arrivé à faire sauter en liberté une hauteur d'environ

1^{m},30, on peut mettre un poids mort de 75 kilogrammes, par exemple, sur le cheval, et ce dernier saute, à très peu de chose près, la même hauteur sans se donner sensiblement plus de peine. Que si on remplace ce fardeau par un homme, même moins lourd, mais conduisant lui-même le cheval à l'obstacle, l'animal ne saute plus la même hauteur.

La seule explication d'un pareil résultat est que la *main de l'homme est ce qu'il y a de plus lourd sur le dos du cheval monté qui saute.*

En effet, si légère que soit la main, elle ne peut jamais l'être assez pour permettre l'entier fonctionnement des différentes parties du corps du cheval, notamment de la tête et de l'encolure, fonctionnement qui amène, pendant les différentes phases du saut, les diverses répartitions de poids grâce auxquelles le saut s'opère sans fatigue inutile.

Donc le cavalier, se proposant d'arriver le plus près possible de la perfection, doit se pénétrer de cette vérité que : *bien sauter un obstacle, c'est ne pas gêner son cheval; et ne pas gêner son cheval, c'est laisser exécuter aux différentes parties dudit cheval les mouvements qu'elles feraient en liberté.*

Nous allons étudier ce que doit faire le cavalier dans le saut aux différentes allures.

1° *Manière de se comporter du cavalier pendant le saut au pas.*

Il est facile maintenant de déduire la manière dont l'homme devra se comporter pendant les différentes phases du saut, pour ne pas gêner sa monture en paralysant ses moyens d'action.

Il aura soin d'aborder l'obstacle bien droit, les mains basses, les rênes moelleusement tendues, les bras demi-tendus.

Pendant toute l'exécution du saut, il sera assis; car la première condition pour posséder une bonne main est d'avoir une bonne assiette, sans laquelle il est impossible de ne pas se cramponner aux rênes pour rester en selle.

En outre, le cavalier qui enlève l'assiette malgré lui ou même de son plein gré, se porte sur les étriers, ce qui l'empêche d'agir avec les jambes d'avant en arrière pour stimuler le cheval, quand c'est nécessaire. Il en est de même du cavalier qui ne tient presque que par les genoux ; les articulations de ces parties sont gênées et il se produit pour les jambes le même résultat.

En principe, pendant toute la durée du saut, le corps de l'homme doit rester à peu près vertical, afin de gêner le moins possible le cheval dans la manière dont il se sert de son propre poids [1].

En effet, si le corps du cavalier était penché en arrière au moment où le cheval, après avoir enlevé l'avant-main, détend l'arrière-main, cette partie de l'animal serait chargée d'un poids inutile et par conséquent aurait à faire un plus grand effort pour s'enlever de terre.

Si, pendant le mouvement de bascule déterminé par l'allongement de la tête et de l'encolure (2e phase du saut), moment où l'animal a l'arrière-main en l'air et

1. Les jeunes cavaliers, quand ils sautent, étant naturellement disposés à porter le corps en avant en se raidissant et en cherchant à se soustraire aux mouvements du cheval, il est utile pendant longtemps de leur recommander d'avoir le corps en arrière, avant, pendant et après le saut. Cette position les force à garder constamment le contact de la selle, et les habitue à se lier au mouvement du cheval, condition indispensable pour avoir une bonne main.

Fig. 13.

l'avant-main vers le sol, l'homme se penchait en avant, il n'empêcherait pas le cheval de sauter, mais pourrait occasionner sa chute, en chargeant trop son devant, lorsqu'il pose à terre. L'homme ayant cette position serait de

Figure 11. — Les mains du cavalier accompagnent servilement la tête et l'encolure dans leur extension avant leur retrait sur le tronc (1re phase).

plus dans l'impossibilité de secourir le cheval dans le cas d'une faute de ce dernier.

Les bras du cavalier doivent s'étendre plus ou moins pour permettre à la fois :

Au corps de l'homme de se pencher en arrière,

A la tête et à l'encolure du cheval de s'allonger.

Donc, à quelques mètres de l'obstacle, *le cavalier aura assez de moelleux dans les bras pour permettre à la bouche du cheval de s'emparer de sa main* (*fig.* 13). *Cette dernière devra accompagner servilement la tête et l'en-*

colure de l'animal pendant les trois phases du saut (*fig.* 14). Cette docilité de la main de l'homme à la bouche du cheval est surtout essentielle pendant le saut proprement dit, lorsque le cheval étend la tête et l'encolure de toute leur

Figure 15. — Commencement de la 2e phase. (Le cheval détend l'arrière-main.)

longueur pour amener du poids en avant et provoquer le mouvement de bascule (*fig.* 15). Le cavalier devra, même pendant cette deuxième phase du saut, avoir assez de tact dans les doigts, pour laisser couler les rênes de la quantité nécessaire, si, après l'extension de ses propres bras, la tête et l'encolure du cheval demandent encore à s'allonger (*fig.* 16).

C'est ce qui arrive toutes les fois qu'on saute au pas un obstacle d'une certaine hauteur, l'animal à peu près privé d'élan étant obligé de sauter presque uniquement par le mode d'emploi de son propre poids pendant les différentes phases du saut, autrement dit par un allongement très prononcé de la tête et de l'encolure.

Le moelleux dans les bras s'acquiert assez vite ; mais il faut beaucoup d'usage pour obtenir le tact dans les doigts.

Figure 16. — Les mains du cavalier accompagnent servilement la tête et l'encolure (2e phase du saut).

Cependant cette dernière qualité est indispensable lorsque, tenant les rênes avec les deux mains, on aborde de forts obstacles aux petites allures, l'animal sautant alors par l'usage qu'il fait de son poids en le répartissant inégalement et successivement sur l'avant-main et l'arrière-main.

En résumé, les bras font l'office de ressorts, qui doivent céder aux mouvements du corps du cavalier aussi bien qu'à ceux de l'encolure et de la tête du cheval. En effet, le jeu de ces ressorts est déterminé soit par le corps du cavalier qui se penche en avant ou en arrière, soit par la tête et l'encolure du cheval se retirant sur le tronc ou s'en éloignant, soit enfin par les deux facteurs réunis, lorsque, dans la deuxième phase du saut, l'un se détend en avant, tandis que l'autre fait sa retraite en arrière.

C'est ce moelleux dans les bras et ce tact dans les doigts qu'il est impossible d'acquérir assez parfaitement pour que le cheval saute, quand il est tenu, avec autant de facilité qu'en liberté.

Ces deux qualités, moelleux dans les bras et tact dans les doigts, doivent permettre au cheval de faire avec sa tête et son encolure ce que fait l'homme avec ses bras, lorsqu'il veut sauter à pieds joints une certaine hauteur.

Pour se préparer à sauter, il fléchit sur ses jambes, en même temps qu'il porte ses bras en arrière : il donne ensuite un vigoureux effort de jarrets et lance ses bras en avant et en l'air, pour avoir l'élan qui lui permet de bien sauter.

Qu'arriverait-il si, au moment où l'homme jette ses bras en avant pour s'aider à franchir l'obstacle, quelqu'un venait les lui tirer en arrière, en tendant plus ou moins des ficelles préalablement attachées aux poignets, ces ficelles fussent-elles en caoutchouc ? Évidemment, son saut serait fort compromis et pourrait occasionner une chute (*fig.* 17).

Le cavalier qui n'a pas dans les bras le moelleux, dans les doigts le tact nécessaire, commet la même faute que l'homme tirant en arrière les bras de quelqu'un qui saute, au moment où il les jette en avant (*fig.* 18).

Lorsque la tête et l'encolure n'ont plus à s'étendre, ce qui arrive quand le cheval pose ou va poser à terre les pieds de devant, le cavalier doit aussi ne plus rendre la

Figure 17.

Il fléchit sur les jambes et porte les bras en arrière.

Il lance ses bras en avant et en l'air.

Privation de l'usage des bras.

main ; autrement il mettrait le cheval dans le vide, et l'animal, perdant tout à coup l'appui qui ne lui avait jamais manqué pendant toute l'exécution du saut, pourrait tomber. Le cavalier doit rester en contact avec la bouche de

Figure 18. — Le cavalier s'empare à tort de la bouche du cheval. Impossibilité pour le cheval de voir le terrain sur lequel il doit se recevoir.

son cheval pour être prêt à le secourir dans le cas d'une faute en se recevant ; il faut cependant se garder de lui retenir la tête inutilement sous prétexte de le soutenir ; le cheval ainsi gêné ne serait plus à même de choisir l'endroit favorable pour se recevoir et serait exposé à mettre ses pieds dans un trou ou sur un caillou et à se donner une entorse[1]; il serait privé d'un véritable balancier qui l'empêche de tomber au moment où il arrive à terre. Le manque de liberté dans l'usage de ce balancier est non seulement la cause de nombreuses chutes en se recevant, mais encore celle des efforts et des atteintes que les chevaux se donnent en se recevant mal. Si, après avoir sauté soi-même quelques obstacles dans un gymnase, on s'est rendu compte du rôle important de ses propres bras au moment où on se reçoit de l'autre côté de l'obstacle, on sera persuadé de l'utilité pour le cheval de faire usage de son balancier qui n'est autre que la tête et l'encolure.

Il est nécessaire de mettre les cavaliers en garde contre les défauts dont ils sont coutumiers, ainsi que contre certains préjugés.

Avant de sauter un obstacle, au lieu de laisser la bouche du cheval s'emparer de leurs mains, ils agissent trop souvent avec ces mains de façon à s'emparer avec force de la bouche du cheval. Or cette manière de faire empêche d'abord l'animal d'allonger la tête et l'encolure dans les dernières foulées avant l'obstacle; elle offense de plus la partie la plus sensible, à savoir la bouche, qui n'osera plus, dans la deuxième phase du saut, tirer sur les rênes afin que la tête et l'encolure se détendent et reportent ainsi du poids en avant (*fig.* 19).

Il en résulte une mauvaise exécution du saut.

En effet :

La battue se trouve gênée, le cheval ne pouvant la faire à l'endroit que son instinct lui eût désigné.

---

1. Il n'est pas dans ma pensée de dire qu'une fois lancés dans le saut, l'homme et le cheval puissent changer leur direction ; mais il est certain que, pendant que se fait le saut, on peut éviter de tomber soit sur une pierre, soit dans un trou.

Dans le saut proprement dit, le cheval ne pouvant ou n'osant plus allonger la tête et l'encolure pour répartir convenablement son poids, est obligé de mettre en jeu

Figure 19. — Manque de moelleux dans les bras.

une très grande quantité de force musculaire pour passer l'obstacle.

Enfin, au lieu de se recevoir les membres antérieurs les premiers et la tête assez basse pour permettre aux yeux de juger l'endroit où devront poser ses membres, le cheval se reçoit la tête haute, les membres postérieurs touchant le sol en même temps que les membres antérieurs, ou quelquefois même avant, ce qui fait éprouver une grande souffrance dans les reins et les jarrets. C'est ce qu'on appelle le saut en chandelle (*fig.* 20).

Il n'y a qu'un seul cas où l'homme doit s'emparer de

Figure 20. — Saut en chandelle.

la bouche du cheval, c'est quand il sent que l'animal cherche à se dérober. Il le privera, il est vrai, d'une grande partie de ses moyens pour sauter ; mais il faut tout d'abord le faire sauter et par conséquent s'emparer du gouvernail, autrement dit de la tête et de l'encolure, tout en stimulant vigoureusement par l'action des jambes.

Il est regrettable du reste d'en arriver à cette extrémité, car souvent l'animal perdra confiance et n'osera plus s'appuyer sur le mors.

Le cavalier ne devra donc user de ce moyen que lorsqu'il y sera forcé.

Il ne devra pas surtout arguer, pour priver ainsi le cheval d'une partie de ses moyens et provoquer par là soit le refus, soit le dérobé, de ce qu'il *lui faut tenir la tête, ne pas lui lâcher la tête.*

Ces deux expressions, dont on se sert trop souvent sans en connaître le véritable sens, et dont l'application réclame de la part du cavalier tant de tact et de savoir-faire, veulent dire en résumé :

Que le cavalier, tout en se gardant de le gêner en quoi que ce soit, doit faire sentir à l'animal qu'il le tient, et qu'il est prêt, s'il est nécessaire, à lui imposer sa volonté.

Il existe cependant certains chevaux à encolures fortes, à bouches épaisses, qui parviennent à vaincre la résistance des bras trop peu moelleux du cavalier et exécutent leur saut en se conformant quand même aux règles de la nature. Il arrive alors que, dans la deuxième phase du saut, les bras crispés ne se déployant pas, la tête et l'encolure du cheval attirent brusquement en avant le corps du cavalier (quelquefois même l'arrachent de la selle), ce qui peut occasionner des chutes en chargeant trop l'avant-main au moment où elle arrive à terre (*fig.* 21).

Le cavalier qui, au moment où le cheval prend sa battue, laisse à la tête et à l'encolure la liberté de s'allonger, n'a pas toujours eu assez de moelleux dans les bras pour accompagner cette tête et cette encolure lorsqu'elles reviennent sur le tronc, dans le but de faciliter l'enlever du devant. Les rênes sont alors en guirlande, le cheval se trouve momentanément dans le vide. Aussi quand, dans la deuxième phase du saut, l'animal allonge la tête et l'encolure pour amener du poids en avant, ces mêmes rênes se tendent brusquement, et la bouche du cheval re-

Figure 21. — Le cavalier manque de moelleux dans les bras et, par suite, est attiré en avant par l'extension de la tête et de l'encolure (saluant).

çoit un à-coup d'autant plus sensible que les mains du cavalier sont plus crispées.

Nous avons étudié précédemment les graves inconvénients qui résultent de cet à-coup.

Il en est un peu de même des cavaliers qui, dans le but de laisser au cheval une plus grande liberté pour étendre la tête et l'encolure, portent brusquement les bras en avant, avant même que le cheval ait demandé à allonger la tête.

On voit donc l'importance qu'il y a à rester en contact moelleux avec la bouche du cheval, sans que cependant ce contact nuise en rien aux différents mouvements de la tête et de l'encolure.

2° Manière de se comporter du cavalier dans le saut au galop allongé.

Que le cavalier reste assis, le corps à peu près vertical,

Figure 22. — Saut au galop allongé.

qu'il se supprime en quelque sorte sur l'animal, de façon que ce dernier ne sente plus que le poids mort et puisse employer, comme en liberté, sa tête et son encolure; telle est la grande difficulté dans le saut au pas, parce qu'à cette allure les mouvements de tête et d'encolure sont très prononcés. Mais à un galop vite, ces mouvements n'existent presque plus, puisque le cheval est déjà allongé; l'exécution du saut devient par cela même très facile. Il suffit au cavalier d'avoir un peu de moelleux dans les bras pour accompagner la tête et l'encolure dans leurs mouvements peu prononcés (*fig.* 22).

Toutefois, le cavalier doit éviter de tomber sur l'encolure au moment où le cheval pose ses pieds de devant à terre, car ce mouvement chargerait trop l'avant-main de l'animal au moment où il se reçoit, et mettrait l'homme dans l'impossibilité de le secourir dans le cas d'une faute.

C'est d'ailleurs bien à tort qu'on attribue au coup de rein dur de l'animal cette poussée de l'homme en avant. Elle est la conséquence, au pas, de la mauvaise main du cavalier (celui-ci peut être arraché de sa selle comme nous l'avons expliqué plus haut), et, au galop allongé, de la réaction de l'animal lorsqu'il arrive à terre.

Le cheval de course, connaissant parfaitement son métier, doit sauter sans marquer aucun temps d'arrêt, et, par suite, son jockey ne doit avoir aucune peine à se maintenir en selle, puisque les mouvements de tête et d'encolure, qui sont les principales causes de déplacement du cavalier, n'existent pour ainsi dire pas à cette allure. Sans inconvénient, au premier abord, le jockey peut se permettre de sauter les obstacles avec les rênes courtes, quoique croisées dans les deux mains (comme cela est nécessaire pour tenir un cheval de course dans son galop); car la main peut rester sensiblement fixe, puisque la tête et l'encolure s'allongent seulement d'une très petite quantité. Les choses ne se passent pas toujours ainsi; il n'est pas rare de voir d'excellents chevaux de steeple-chase, et cela surtout lorsqu'ils vont sauter un obstacle nouveau, marquer un temps d'arrêt, qui est la cause, pendant le saut, de différents mouvements de tête et d'encolure, plus ou moins prononcés suivant que le temps d'arrêt aura été plus ou moins marqué. Le jockey alors devrait avoir le tact dans les doigts poussé jusqu'à la dernière limite ; car, opérant une retraite de corps pour assurer son assiette, il tend généralement les bras, et si, pendant l'exécution du saut, il veut rester en selle, tout en laissant au cheval la complète liberté d'allonger la tête et l'encolure, il est forcé de laisser glisser les rênes entre les doigts, chose qu'il n'est pas aisé de faire avec la tenue des rênes habituelle et qui l'est encore moins avec les rênes croisées dans les deux mains, comme il convient de les tenir lorsqu'on monte en course. Très peu de jockeys possèdent ce tact dans les doigts : aussi en voyons-nous un grand nombre plus ou moins arrachés de leur selle, gênant leurs chevaux et dès lors faisant de nombreuses chutes. Car, pendant le saut, la moindre contrainte qui, à un galop ordinaire, ne fait que déranger un cheval, peut, à un galop vite, le faire tomber.

Les photographies instantanées prises dernièrement sur les différents champs de course, nous ont démontré la véracité de notre opinion. Nous y avons souvent constaté, pendant le saut, des jockeys absolument sortis de leur selle et des encolures renversées, ainsi que des bouches entr'ouvertes, résultat du manque de tact dans la main du cavalier.

Nous condamnons donc absolument le cavalier qui, menant sa monture à un galop ordinaire, se présenterait à l'obstacle les bras tendus et les rênes croisées dans les deux mains, et cela dans le but unique de singer le jockey, car, à cette allure, les mouvements de tête et d'encolure, qui toujours se produisent, exigent de la part du cavalier, surtout s'il a les bras tendus, ce tact dans les doigts, qui n'est déjà que trop difficile à avoir lorsqu'on se sert de la tenue des rênes habituelle.

Pourquoi donc prendre, quand ce n'est pas nécessaire,

une tenue de rênes avec laquelle le tact dans les doigts devient encore plus difficile à obtenir ?

Si, au galop allongé, le cheval commettait la faute de marquer un temps d'arrêt avant l'obstacle, le saut deviendrait pour le cavalier plus difficile qu'au pas. En effet,

Figure 23. — Jockey précipité sur l'encolure par suite de l'arrêt subit de son cheval.

l'homme, précipité sur l'encolure au moment de l'arrêt subit de l'animal, l'est encore par le bond que fait le cheval immédiatement après (*fig.* 23); et comme le saut s'exécute de pied ferme, que par suite les mouvements de tête et d'encolure sont très prononcés, le cavalier sera violemment arraché de sa selle s'il n'a le tact dans les doigts poussé jusqu'à la dernière limite[1] (*fig.* 24).

1. A l'ouverture de l'hippodrome de Paris, avenue de l'Alma, l'administration de ce cirque voulut faire courir comme réclame. Le champ de course

Le cavalier expérimenté qui sera resté bien assis dans sa selle, malgré ce temps d'arrêt, pourra seul franchir

Figure 24. — Jockey violemment arraché de sa selle par l'extension de la tête et de l'encolure qui a immédiatement succédé à l'arrêt subit.

l'obstacle sans être précipité sur l'encolure et sans courir les risques qui peuvent en être la conséquence[1].

d'Auteuil fut choisi. Un jockey nègre, portant une casaque extraordinaire, montait un vieux cheval qui, souffrant d'efforts de tendon, avait perdu toute confiance pour sauter.

Le cheval arrive à toute vitesse sur la rivière des tribunes, marque un temps d'arrêt très prononcé, qui déjà envoie le nègre sur l'encolure, puis, se ramassant en cheval de chasse, saute pour ainsi dire de pied ferme, détendant par conséquent de toute leur longueur la tête et l'encolure qu'il avait retirées sur le tronc après le temps d'arrêt. Le nègre, au lieu de céder à l'extension de la tête et de l'encolure par le moelleux dans les bras et le tact dans les doigts, se cramponne aux rênes avec toute la force dont il peut disposer. Aussi est-il arraché de sa selle avec une telle violence qu'on le voit décrire un arc de cercle, ayant pour rayon les rênes tendues qu'il tient toujours dans ses doigts crispés. Arrivé à terre devant son cheval, il ne lâche même pas les rênes et est traîné pendant quelques foulées, lorsqu'enfin le cheval finit par se débrider. Notre nègre se relevait sans s'être fait aucun mal, et n'avait pas abandonné ses rênes.

1. Le cheval de steeple-chase *Ventriloque*, gagnant du grand prix d'Auteuil en 1876, était un excellent sauteur ; mais, pendant les deux dernières

3° Manière de se comporter du cavalier dans le saut aux allures intermédiaires.

La principale préoccupation du cavalier doit être de ne pas contrarier, dans l'exécution du saut, le jeu de la tête et de l'encolure du cheval, jeu qui est d'autant plus prononcé que l'allure est moins vite. On conçoit donc que, plus l'animal ira doucement, plus l'homme aura besoin de tact, pour que le saut s'exécute dans les meilleures conditions, et que, par contre, plus le cheval ira vite, moins la tâche du cavalier sera délicate à remplir.

De ce qui précède, nous déduirons qu'un cheval qui jette le cavalier en avant pendant le saut (faisant ce qu'on appelle *saluer*), possède, à tort généralement, la réputation d'avoir le coup de rein dur. Ce mouvement de l'homme n'est en effet que la conséquence de sa mauvaise main; il dénote chez le cheval une bouche assez forte pour résister à cette main, et s'en rendre maître, au point d'arracher le cavalier de sa selle avec plus ou moins de violence.

---

années qu'il courait à Auteuil, il arrivait sur les obstacles en se retenant, et se recevait comme un animal souffrant d'efforts de tendon.

Cependant ce cheval, à moitié boiteux, gagnait encore des courses et ne tombait jamais, à cause de l'admirable manière dont le montait son jockey H. Andrews. Ce dernier, à chaque obstacle, grâce à son tact dans les doigts, permettait au cheval de se servir de sa tête et de son encolure pendant le saut, absolument comme s'il avait été en liberté. *Ventriloque,* ayant quitté l'écurie du marquis de Saint-Sauveur, ne fut plus monté par un homme possédant autant de tact dans les doigts que H. Andrews, et non seulement il fut ensuite incapable de gagner une course, mais encore il ne put, je crois, en fournir une sans tomber.

CHAPITRE V

TENUE DES RÊNES CONSEILLÉE.

Une mode assez récente consiste à tenir les rênes avec les deux mains pendant toute l'exécution du saut. Nous y voyons un grand inconvénient; car cette tenue de rênes exige de la part du cavalier, s'il ne veut gêner son cheval, un grand moelleux dans les bras et un très grand tact dans les doigts, pour laisser glisser les rênes à la demande du cheval. Or, à notre avis, si le moelleux des bras peut s'obtenir avec la pratique, le tact dans les doigts demeure l'apanage de très rares artistes, et n'est nullement à portée de la grande généralité des cavaliers, même expérimentés, pour lesquels nous écrivons.

Pourquoi ne pas imiter nos prédécesseurs, si l'on en juge par les gravures anciennes, françaises et anglaises? Pourquoi ne pas tirer profit de ce que font encore les piqueurs à la chasse, toujours les premiers à sauter ou à passer adroitement les obstacles qu'ils rencontrent, bien qu'ils montent souvent fort mal de fort mauvais chevaux? Les uns comme les autres tiennent leurs rênes avec une seule main.

Nous inspirant de ces exemples, nous avons cherché la tenue des rênes permettant au cavalier d'*être maître de sa monture, avant l'obstacle*, pour l'empêcher de dérober, tout *en gênant le moins possible le cheval avant, pendant et après le saut.*

Celle dont nous nous sommes toujours servi, et qui nous a paru remplir le mieux les conditions recherchées, est la tenue des rênes dite à l'allemande, c'est-à-dire les quatre rênes dans la main gauche, celles de bride au milieu, un doigt entre chaque rêne ; la main droite tient les deux rênes droites (un ou deux doigts entre ces deux rênes) en avant de la main gauche, jusqu'au moment où

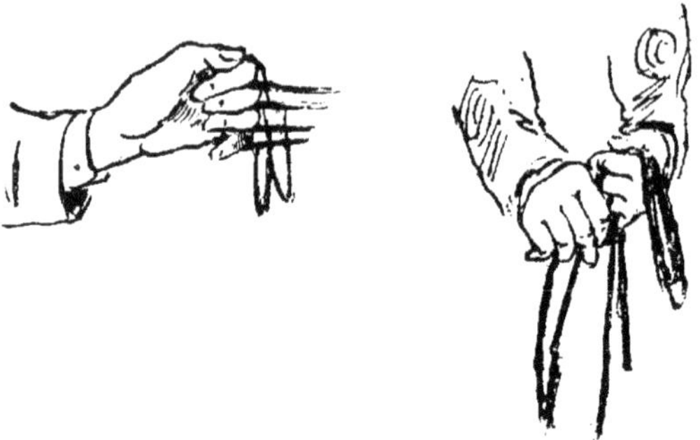

Figure 25.

l'on sent que le cheval, arrivant à l'obstacle, va s'enlever, et les abandonne au moment même du saut, pour les reprendre aussitôt l'obstacle franchi (*fig.* 25). Cette tenue de rênes nous a paru remplir toutes les conditions recherchées.

En effet, avant l'obstacle et si c'est nécessaire, elle permet, en écartant un peu le poignet droit du poignet gauche, de séparer assez les rênes pour que le cheval se sente encadré, et même de les séparer tout à fait si on a un cheval rétif (*fig.* 26).

Pendant le saut, elle empêche l'homme d'entraver malgré lui les mouvements de tête et d'encolure, en même temps qu'elle lui donne toutes les chances de ne pas être arraché de sa selle. Car, pendant que le cavalier abandonne les rênes de la main droite, il a soin de laisser tomber et même de rejeter cette main sur le côté et en arrière, ce qui entraîne l'épaule droite également en arrière et le force à s'asseoir; en outre, le cheval a toute facilité pour étendre sa tête et son encolure, puisqu'il n'a plus qu'à surmonter la résistance d'un seul bras qui, même chez le cavalier inexpérimenté, à cause du mouvement

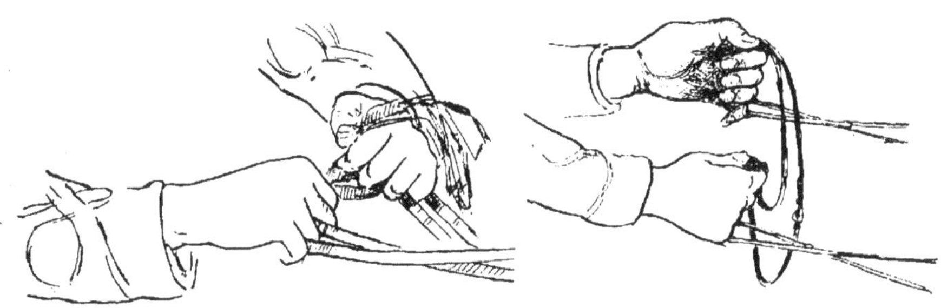

Figure 26.

en avant de l'épaule gauche (suite du mouvement en arrière de l'épaule droite), est trop faible pour communiquer à la bouche du cheval la sensation d'être tenue par un instrument rigide (*fig.* 27). Le bras, dans ces conditions, se trouve être un véritable ressort, et un ressort fort doux, qui suit naturellement les mouvements de tête et d'encolure. Enfin, après l'obstacle franchi, le cavalier ajuste ses rênes, s'il y a lieu, et replace la main droite comme avant de sauter.

Dans les commencements de l'instruction, nous pensons même que le cavalier, pendant l'exécution du saut, devra rejeter le bras droit en arrière et en l'air, comme s'il voulait donner un coup de revers à quelqu'un placé derrière lui (*fig.* 28).

Ce mouvement sera condamné par quelques-uns comme disgracieux. Mais d'abord, tel n'est pas l'avis de bien d'autres, et puis en serait-il ainsi, que nous préférons encore passer sur ce défaut, si c'en est un, pourvu qu'il aide nos cavaliers à sauter sans gêner leurs chevaux.

Toutes les fois que nous avons pu essayer cette méthode avec des hommes de recrue, elle nous a réussi à merveille; en quelques leçons seulement, ils sautaient

Figure 27. — Le cavalier ne met aucune opposition à l'exécution du saut.

avec confiance, et plusieurs fois de suite, les obstacles du terrain de manœuvre, et les chevaux, n'essayant pas de se dérober, étaient parfaitement calmes, avant, pendant et après le saut[1].

Les rênes devront êtres égales, de façon que le cheval prenne bien l'appui sur les quatre; car, si l'appui était

1. Alors que nous étions à Saumur, devant un de nos chefs que nous voulions convaincre, nous avons employé cette méthode avec une reprise

inégal, il y aurait mobilisation de la mâchoire et l'animal n'empoignerait pas la main du cavalier. — Nous condamnons l'emploi du filet seul, quand le cheval est entièrement bridé ; d'abord, parce que le mors ballottant excite

Figure 28.

la mâchoire, la fait ouvrir mal à propos, au moment au contraire où elle doit se fermer pour prendre son contact, et qu'ensuite le filet d'une bride étant toujours mince, et

d'aides-vétérinaires stagiaires, qui n'avaient jamais sauté aucun obstacle. En suivant rapidement la progression indiquée plus loin pour l'éducation de l'homme sur les obstacles, tous les élèves, à la fin de la reprise qui avait duré une heure, sautaient avec confiance, à chaque tour de manège, une barre haute de 0m,50, et cela dans des conditions meilleures, au point de vue de l'exécution correcte du saut, qu'une reprise d'anciens cavaliers tenant les rênes avec les deux mains.

par suite coupant, le cheval s'appuie mal dessus s'il est employé seul.

Il est bien entendu que nous n'appliquons pas cette tenue de rênes à l'équitation de courses. Nous ne parlons ici que de ce qui regarde les chevaux de chasse ou d'arme. Parfois cependant le jockey, pendant le saut, peut abandonner les rênes d'une main : nous l'avons vu faire très à propos, dans certaines circonstances, par des hommes connaissant parfaitement leur métier.

CHAPITRE VI

ÉTUDE DES DIFFÉRENTES MÉTHODES DE DRESSAGE A L'OBSTACLE.

On peut dresser un cheval, 1° en liberté, 2° à la longe, ou 3° monté.

I. **Dressage en liberté.** Nous en connaissons deux :

Celui dans un couloir en ligne droite;
Celui dans une piste, en cercle.

1° *Dans un couloir en ligne droite.*

Cette méthode, qui a des avantages, offre cependant de graves inconvénients :

D'abord tout le monde n'a pas à sa disposition un couloir, et il est toujours cher d'en établir un. Ensuite il faut du temps et parfois de la peine pour reprendre les chevaux à l'extrémité du couloir. De plus, si on veut faire parcourir ce dernier plusieurs fois de suite, ce qui est nécessaire pour accélérer le dressage, les animaux refusent souvent d'entrer dans le couloir, sans doute, parce qu'ils craignent les coups de chambrière, qu'on est obligé de leur donner à chaque obstacle, pour les empêcher de marquer un temps d'arrêt avant de sauter.

En outre, ce dressage nécessite un nombreux personnel, jusqu'à ce que le cheval soit bien confirmé : car il faut un ou deux hommes, à chaque obstacle, pour l'appuyer de la chambrière, et l'empêcher ainsi d'hésiter, de flotter ou de marquer un temps d'arrêt, surtout sur la largeur.

J'ajouterai que le cheval qui aura fait son éducation dans un couloir, ayant toujours sauté les mêmes obstacles, ne sera pas habitué aux obstacles naturels, si différents des autres. Aussi, quand on voudra sauter à l'extérieur, se trouvera-t-on souvent en présence de grandes difficultés.

Mais ce que nous reprochons le plus à cette méthode, c'est que l'animal, ne sautant que vite, n'apprend pas à se servir de sa tête et de son encolure à des allures ralenties ; et en cela, si on se propose de dresser un cheval pour la chasse ou la guerre, où le saut s'exécute à des allures relativement raccourcies, le couloir ne remplit pas le but que nous cherchons.

L'avantage de ce système, pour les chevaux de course surtout, est que, si l'on a le temps d'insister, pendant un grand nombre de séances, sur des obstacles peu élevés et peu larges, de manière à éviter tout flottement et tout temps d'arrêt, on arrive à avoir des chevaux sautant très vite.

Aussi conseillons-nous, si l'on a la chance d'avoir un couloir à sa disposition, d'y faire sauter les chevaux une ou deux fois par jour, avant ou pendant la période du dressage à la longe; notre principe étant qu'un cheval n'est réputé dressé que s'il saute bien à toutes les allures.

Nous ferons cependant une observation sur l'emploi du couloir :

Le fait de reprendre les chevaux à l'extrémité nécessite un assez grand nombre d'hommes, et amène parfois des accidents, si l'on ne se conforme pas aux prescriptions suivantes, dont nous n'avons eu qu'à nous louer.

Le couloir sera de la même largeur partout, de façon à pouvoir servir aux chevaux montés. Mais de chaque côté de la sortie, sur une longueur d'environ cinq mètres, les lices, hautes d'environ $2^m,50$ (de façon qu'un cheval affolé ne puisse tenter de les franchir), seront garnies de branchages, et mobiles autour d'un axe vertical, de manière à venir se rejoindre par leurs extrémités sur le milieu du couloir qui se terminera ainsi en angle. Le cheval, qui a sauté, est alors repris par un seul cavalier, se présentant derrière lui, et l'appelant comme dans une stalle d'écurie.

Après deux ou trois répétitions de cet exercice, si on a récompensé le cheval, il se laissera reprendre sans difficulté.

On pourra même adapter une mangeoire pleine d'avoine à l'une des lices de l'extrémité du couloir, ce qui contribuera à calmer les chevaux.

2° *Dans un couloir en cercle.*

Cette méthode est essentiellement incomplète. On n'y peut faire sauter que des obstacles très peu larges, le cheval étant toujours ployé sur le cercle.

De plus, l'animal ne sautant que des obstacles peu importants et aux allures relativement modérées, prend forcément l'habitude de s'enlever près de l'obstacle; et si on insiste sur ce travail, il conservera cette habitude, dont on appréciera plus tard les graves inconvénients, quand on voudra aborder de forts obstacles aux grandes allures.

Enfin, ce dressage présente les mêmes défectuosités que celui dans le couloir en ligne droite, à cause de l'impossibilité de faire varier les obstacles et de la difficulté d'obtenir le plus ou moins de vitesse qu'on juge convenable.

II. Dressage à la longe.

Comme nous allons le voir, les différentes manières dont on emploie généralement la longe, n'atteignent pas le but que nous cherchons. Nous allons du reste examiner les méthodes les plus usitées.

Les unes mettent l'instructeur, qui tient la longe, au delà de l'obstacle; le cheval est en deçà, à une certaine distance, tenu perpendiculairement à l'obstacle par un aide. A un signal donné, l'aide abandonne le cheval, qu'une troisième personne, munie d'une chambrière, pousse vigoureusement par derrière, tandis que l'instructeur tire sur la longe en avant.

Quoique tiré par l'instructeur, le cheval arrive à l'obstacle le plus souvent en flottant, cherche à se dérober et y parvient même quelquefois, quand l'obstacle n'est pas long.

S'il saute, c'est en désespéré, et dans de mauvaises conditions, le jeu de sa tête et de son encolure étant gêné par l'instructeur. Enfin, n'ayant que fort peu d'élan, il ne peut franchir la largeur.

Malgré cela, l'animal acquerra, au bout d'un temps relativement court, une franchise apparente, et donnera complète satisfaction aux gens qui voient dans sa précipitation l'amour de l'obstacle.

Pour nous qui, une fois la franchise obtenue chez le cheval, ne considérons notre tâche que comme à peine commencée, nous n'admettons en rien cette méthode. Nous croyons au contraire que la franchise n'est durable que si elle est le résultat, non de la crainte des corrections, mais bien du saut exécuté sans fatigue et pouvant par suite être répété souvent. Or la méthode en question est fatigante pour l'instructeur et surtout pour le cheval, si l'on en juge par ses sueurs abondantes; elle ne peut donc être prolongée, au risque de voir l'animal devenir rétif en dépit des corrections, ou s'user prématurément.

Une autre méthode consiste à mettre le cheval en cercle, puis à agrandir subitement ce cercle, de façon que l'obstacle se trouve sur la circonférence. Le cheval est alors surpris et s'arrête le plus souvent, quoique l'instructeur ait pris soin de lui faire augmenter son allure, en employant la chambrière avant le saut. Cette méthode a encore en partie les mêmes inconvénients que la précédente, et, comme elle, n'habitue pas le cheval à une réelle docilité.

Dans aucun de ces deux systèmes le cheval ne saute de son plein gré, et n'apprend par conséquent à se servir, comme il le faut, de sa tête et de son encolure, condition pourtant essentielle pour que le saut s'exécute sans fatigue.

Enfin il y a une troisième méthode, que nous serions heureux de voir ordonnancer dans nos régiments de cavalerie, et qui est excellente pour faire un sauteur, apte à parcourir sûrement, aux allures relativement modérées, des pays où les obstacles ne sont pas d'une grande importance.

Elle est très pratique, son application ne réclamant

pas de connaissances spéciales de la part de l'instructeur, qui à son gré active ou modère l'allure du cheval, et la leçon peut se donner par un personnel peu nombreux, à un grand nombre de chevaux et dans un temps relativement court.

Cette méthode consiste à mettre le cheval en cercle, dans un manège circulaire, sur des obstacles qu'on augmente progressivement. L'instructeur est au centre, tenant la longe d'une main et la chambrière de l'autre (*fig*. 29).

Ce système, qui a l'avantage d'être simple, n'est cependant pas à la portée de tous, car on n'a pas toujours à sa disposition un manège, même en plein air. Il a de plus l'inconvénient du couloir en cercle, et enfin n'habitue pas assez le cheval à la docilité à la longe, docilité pourtant nécessaire, si on veut exercer l'animal sur des obstacles naturels à l'extérieur.

III. Dressage le cheval étant monté.

Je ne dirai qu'un mot de la méthode suivie en Angleterre et consistant à dresser les chevaux montés derrière les chiens. Cette méthode sera excellente, comme complément du dressage à la longe, car elle a l'avantage de combattre chez le cheval la tristesse que pourraient faire naître les fautes commises pendant ce dressage par un instructeur inexpérimenté.

Mais, sauf de très rares exceptions, on n'a pas assez de meutes chassant à bonne allure dans des pays coupés d'obstacles. De plus, ce travail devra être fait avec beaucoup de ménagements, par un très bon cavalier ayant une connaissance approfondie du terrain.

Figure. 29. — Manège circulaire.

CHAPITRE VII

EXPOSÉ D'UNE MÉTHODE RÉUNISSANT LES AVANTAGES ET ÉVITANT LES INCONVÉNIENTS DES MÉTHODES PRÉCÉDENTES.

Considérations préliminaires. — De tout ce qui précède résulte la nécessité d'avoir une méthode réunissant les avantages et évitant le plus possible les inconvénients des méthodes précédentes.

Le dressage à la longe, sans être forcément pratiqué entre les limites restreintes d'une carrière ou d'un manège et le cheval n'étant pas monté, voilà la méthode à laquelle nous avons été amené pour faire un grand sauteur dans un temps très court. Le seul inconvénient que nous y avons trouvé, est que les chevaux, tout en pouvant sauter sûrement à une allure bien plus vite qu'en employant les autres méthodes, atteignent difficilement la vitesse que permet le couloir. (C'est pourquoi nous considérons ce dernier moyen, le couloir, comme un complément très avantageux du dressage, surtout pour le cheval de course.) Ensuite cette méthode demande à être appliquée par un homme connaissant l'usage de la longe, si l'on veut, dans un laps de temps relativement court, arriver à des résultats tels qu'on ne pourrait les obtenir en employant les méthodes précédentes.

Tout d'abord nous bannissons la contrainte et, par conséquent, nous condamnons le dressage qu'on fait seulement le cheval étant monté.

Nous allons exposer nos raisons : le but que nous nous proposons est de dresser un cheval à l'obstacle, dans le moins de temps possible. D'un autre côté, un cheval est réputé dressé quand il est *franc* et *adroit,* et *qu'il saute sans se fatiguer;* la première de ces qualités ne s'obtient que si les deux autres conditions sont remplies.

La liberté dans le jeu de la tête et de l'encolure, pendant les différentes phases du saut, est une condition essentielle pour obtenir l'adresse et empêcher la fatigue.

Au point de vue de l'adresse, elle permet au cheval dans la battue, non seulement d'examiner à son aise le terrain sur lequel il doit sauter ainsi que la nature de l'obstacle, mais encore de calculer librement l'endroit où il doit s'enlever. Elle est aussi nécessaire quand l'animal va se recevoir; car la tête et l'encolure constituent un véritable balancier, qui lui est indispensable pour éviter les fautes et garder ce qu'on appelle son « équilibre ».

On comprend donc combien, à ce moment, toute traction inutile sur les rênes devient préjudiciable ; elle donne d'abord à ce balancier une fausse position (d'où, chutes, atteintes, entorses, etc.) et ensuite elle empêche le cheval de voir et d'éviter les inégalités du terrain sur lequel il va se recevoir, ce qui entraîne les mêmes inconvénients.

En ce qui concerne le fait et le moyen d'empêcher la fatigue, nous nous sommes assez étendu sur le rôle de la tête et de l'encolure, pour n'avoir pas à y revenir.

Nous pouvons donc conclure qu'en résumé dresser un cheval à l'obstacle, le rendre franc, c'est lui apprendre à se servir de sa tête et de son encolure [1].

---

1. Un de nos maîtres et amis, très compétent en équitation, le commandant de Sesmaisons, généralisant la chose et s'inspirant des idées du commandant Dutilh, dont il est comme nous le disciple, dit fort judicieusement que « bien monter à cheval, c'est savoir exploiter l'encolure ».

Or, partant de ce principe qu'un cheval jouissant d'une excellente conformation pour l'obstacle, parfaitement dressé et monté par un cavalier habile, et à plus forte raison qu'un cheval défectueux, pas dressé et monté par un cavalier ordinaire, n'arrivera jamais à se servir de sa tête et de son encolure avec la même aisance que s'il était en liberté, nous concluons forcément que c'est par le dressage à la longe, le cheval n'étant pas monté, qu'il faudra commencer.

C'est par ce dressage qu'on inculquera au cheval l'habitude d'employer en sautant la tête et l'encolure comme il convient. Et après que l'instructeur se sera appesanti plus ou moins, suivant le cas, sur ce travail, l'animal ressentira tellement le besoin de leur emploi, que, si monté il rencontre dans la main du cavalier une entrave, souvent même involontaire, il cherchera instinctivement à s'en rendre maître, pour reconquérir la liberté du jeu de la tête et de l'encolure [1].

Ce fait étant admis qu'il faut dresser le cheval en lui laissant le plus de liberté possible, nous avons choisi le dressage à la longe, le cheval n'étant pas monté. Mais nous ne nous astreindrons pas pour cela aux limites d'une carrière ou d'un manège, et c'est là un des grands avantages de notre méthode, qui est ainsi à la portée de ceux qui n'ont pas de couloir ou de manège circulaire à leur disposition, et de plus facilite le dressage à l'extérieur sur

1. Se décident avec peine à employer leur tête et leur encolure en sautant, les chevaux qui ont la bouche sensible, ou qui ont été montés par un cavalier ayant mauvaise main, et surtout ceux qu'on a fait sauter montés avant de les avoir dressés autrement. Pour ces chevaux, on doit insister avec patience, jusqu'à ce qu'ils reprennent confiance et se mettent à allonger la tête et l'encolure.

les obstacles naturels ; car, pendant le cours du dressage, le cheval n'étant jamais guidé par les lices du couloir ou le talus qui entoure le manège circulaire, prend l'habitude d'une telle obéissance à la longe sur des obstacles artificiels, qu'ensuite, l'instructeur l'amenant sur un obstacle à l'extérieur, il saute sans aucune hésitation. De plus, notre méthode permet, comme nous le verrons par la suite, de faire sauter à la longe de grandes hauteurs ainsi que des largeurs considérables (5 mètres par exemple), résultat qu'il est impossible d'obtenir dans les limites restreintes d'un manège circulaire.

Enfin la longe est le seul moyen qui donne à l'instructeur la facilité d'obtenir du cheval non monté, non seulement l'allure qu'il juge convenable, mais encore le degré de vitesse de l'allure.

Avant de commencer l'exposé raisonné de notre méthode, nous croyons devoir prémunir le lecteur contre deux défauts capitaux qu'il rencontrera souvent, pour ne pas dire toujours, chez le cheval en dressage, et qu'il importe de prévenir et de combattre immédiatement, quand ils se manifestent :

1° Le cheval marque un temps d'arrêt avant de sauter ;
2° Le cheval saute de travers.

1° Le cheval marque un temps d'arrêt avant de sauter.

Le cheval qui commet cette faute, perd par là même une partie de son élan et se prive d'un de ses principaux moyens d'exécuter le saut. Faute d'avoir assez d'élan, il devra faire un effort musculaire plus considérable, et donner plus d'ampleur aux mouvements de tête et d'encolure.

Or, plus l'effort musculaire est considérable, plus le

saut est fatigant pour le cheval. Plus le mouvement de la tête et de l'encolure est prononcé, plus l'exécution du saut est délicate pour le cavalier.

Cependant, s'il s'agit d'un saut en hauteur, le cheval qui a le défaut de marquer un temps d'arrêt, sautera dans de très mauvaises conditions, mais pourra néanmoins accomplir sa tâche; il en sera au contraire incapable s'il s'agit d'un saut en largeur. En effet, nous avons constaté qu'un cheval, sautant 1 mètre en hauteur, couvrait facilement une largeur de 4 mètres, et que le même cheval, quand il marquait un temps d'arrêt devant un fossé, arrivait difficilement à sauter sûrement 2 mètres à $2^{m},50$ de largeur. Ce résultat prouve que le vide de l'obstacle en largeur produit sur le cheval non dressé une appréhension, qui lui fait marquer naturellement un temps d'arrêt. Donc, si à ce temps d'arrêt produit par l'appréhension que cause le vide de l'obstacle, vient encore s'ajouter celui que l'animal aurait pris l'habitude de marquer sur les obstacles en hauteur (habitude qui se conserverait sur les obstacles d'une autre nature), le cheval ne pourrait plus sauter une largeur aussi considérable que celle franchie dans le saut de 1 mètre de hauteur.

Le cheval arrivant facilement à sauter 1 mètre de hauteur, on serait tenté de croire qu'il lui est facile de franchir 4 mètres de largeur, puisqu'il le fait lorsqu'il saute 1 mètre de hauteur. L'expérience nous a prouvé le contraire. Le cheval ne saute sûrement 4 mètres de largeur qu'après un exercice plus ou moins prolongé. Il est vrai qu'il ne faut pas confondre le mètre véritable avec le mètre imaginaire de certains chasseurs, qui prétendent sauter très souvent des barrières fixées de $1^{m},20$ ou des fossés de 5 mètres. Après discussion, nous avons été quelquefois mesurer ces barrières et ces fossés; nous avons constaté le plus souvent pour les unes $0^m,60$ et $0^m,70$ et pour les autres 2 mètres à $2^m,50$; ce qui est déjà considérable, si ces obstacles sont fréquents.

Il est très important, dans le début du dressage, de combattre énergiquement le temps d'arrêt en sautant, et pour cela il faudra varier les allures pendant le dressage, et employer simultanément le galop, le trot et le pas. Il sera même préférable de commencer par le galop, ne faisant sauter l'animal au pas (allure pendant laquelle le temps d'arrêt se produit le plus facilement) que s'il saute droit et ne marque aucun temps d'arrêt aux autres allures.

On serait tenté d'insister, en commençant surtout, sur l'allure du pas, qui est celle où le cheval apprend le mieux à se servir de sa tête et de son encolure (but principal de notre travail). Mais si l'on veut remarquer qu'en sautant au pas le cheval s'enlève toujours près de l'obstacle, on verra l'inconvénient qui résulterait de cette habitude, qu'il garderait à toutes les allures et qui entraînerait forcément un temps d'arrêt d'autant plus nuisible que l'allure serait plus rapide ou l'obstacle plus sérieux.

Il importe, dès le début du dressage, de veiller à ce que le cheval prenne bien sa battue à l'endroit voulu, c'est-à-dire pour un saut en hauteur d'autant plus loin que l'obstacle est plus élevé et l'allure plus rapide; pour un saut en largeur, aussi près que possible du bord de l'obstacle (car le cheval qui doit sauter un fossé de 3 mètres, par exemple, s'il s'enlève 2 mètres avant ce fossé, a évidemment un saut de 5 mètres de large à exécuter).

L'habitude qu'aurait l'animal de prendre sa battue trop près de l'obstacle pour le saut en hauteur, outre l'inconvénient de lui faire marquer un temps d'arrêt ou de couper son allure, aurait celui d'être très difficile à détruire. Celle de prendre sa battue trop loin, plus facile à faire passer, a le grand inconvénient d'obliger le cheval à employer pour sauter beaucoup plus de force musculaire que s'il s'enlevait à l'endroit voulu.

On voit donc que le cheval sautant bien doit calculer ses foulées, de manière à n'être ni trop près, ni trop loin de l'obstacle, au moment où il s'enlève ; et cela, sans avoir à raccourcir brusquement sa dernière foulée, ce qui couperait son train et l'amènerait à sauter trop près.

Ce calcul à faire par le cheval sera facile au trot, allure où les foulées ne sont pas très grandes et peuvent être raccourcies aisément. Mais au galop, où les foulées sont longues, il est nécessaire que l'animal juge *de loin* la distance qui le sépare de l'obstacle, pour pouvoir régler ses foulées de manière à prendre sa battue à l'endroit voulu.

On comprend donc combien il est nécessaire que, plusieurs foulées avant de sauter, le cheval arrive droit sur l'obstacle et puisse employer librement sa tête et son encolure ; combien aussi il doit être exercé, pour arriver à apprécier avec justesse l'endroit où il faut s'enlever.

2° Le cheval saute de travers.

Afin que l'habitude ne s'en prenne au pas, il est nécessaire de combattre la disposition qu'aurait le cheval à sauter de travers, lorsqu'on lui fait franchir des obstacles à la longe.

Beaucoup de chevaux ne sautent pas de travers, bien qu'ayant été exercés à l'obstacle au moyen du travail à la longe, parce qu'on a peu insisté sur ce travail. Mais nous, pour qui la franchise du cheval n'est qu'une partie du but à atteindre, nous avons besoin de prolonger beaucoup le travail à la longe, et nous rencontrerions souvent ce défaut, si nous n'y prenions garde.

Or cette habitude est très mauvaise : le cheval qui l'a contractée, gène les chevaux qui sautent à côté de lui, et peut occasionner des accidents.

De plus, sur un obstacle double, le cheval, qui a sauté de travers le premier obstacle, se trouve naturellement en dehors du second, quand la largeur des obstacles est petite, sans pour cela avoir eu l'intention de se dérober.

Enfin le cheval, qui, dans un travail à la longe prolongé, a pris l'habitude de sauter de travers, commet le plus souvent cette faute en marquant un temps d'arrêt.

En effet, il commence par arriver droit sur l'obstacle, mais trop près; et c'est quand il est arrivé trop près, qu'il se met de biais pour sauter, mouvement qu'il ne peut faire sans marquer un temps d'arrêt, surtout si son allure est rapide ou l'obstacle sérieux. Le temps d'arrêt est un grave inconvénient de plus à ajouter aux précédents.

Au premier abord, on serait tenté de croire que le cheval, en sautant à la longe en cercle, à gauche par exemple, est porté à sauter de travers en obliquant à gauche. C'est ce qui arriverait, s'il n'avait, pour le porter à faire le contraire, la raison suivante : le cheval qui saute au bout d'une longe, est porté, en sautant, à jeter ses épaules en dehors du cercle, parce qu'il fuit la chambrière, que l'instructeur est souvent obligé d'employer pour éviter le temps d'arrêt (sur l'obstacle en largeur surtout) et qu'il ne réussit pas toujours à dissimuler à l'animal.

Si on ne combat pas ce défaut dès le début du dressage, le cheval conservera toujours l'habitude de sauter de travers, même lorsqu'il sera monté et amené droit sur l'obstacle, que cet obstacle soit bas ou élevé, l'allure lente ou allongée.

Ceci dit, avant d'exposer notre méthode, nous devons encore au lecteur quelques observations.

Le dressage sur les obstacles sera d'autant mieux compris que le cheval sera plus docile à la longe.

On aura avantage à commencer le dressage par le saut en largeur, et cela pour deux raisons:

D'abord, l'obstacle en largeur est celui qui se présente le plus souvent chez nous.

Ensuite, cet obstacle produit sur le cheval une impression qui le porte, quand il n'est pas dressé, à marquer un temps d'arrêt. Et nous avons vu que, si ce défaut conduit, quand il s'agit de la hauteur, à un saut défectueux et difficile, mais possible cependant, au contraire quand on arrive à la largeur, le même défaut empêche complètement le cheval de sauter, et le paralyse au point de ne pouvoir, malgré un effort musculaire considérable, franchir plus de 2 mètres à $2^{m},50$ de large.

Or, si l'on veut considérer que, dans le saut en hauteur, à moins qu'il ne soit exécuté à un galop très allongé, le cheval même dressé marque un temps d'arrêt, très léger il est vrai, mais certain néanmoins, on comprendra combien, si l'on insiste sur l'obstacle en hauteur dans le commencement du dressage, on risque de donner au cheval l'habitude du temps d'arrêt; cette habitude sera ensuite difficile à faire perdre quand il s'agira du saut en largeur, dont l'exécution deviendrait par cela même impossible.

Il vaut donc mieux commencer par habituer l'animal à sauter un obstacle sur lequel l'instructeur devra toujours chercher à faire précipiter les dernières foulées et *surtout la dernière*.

Cependant, pour commencer le dressage, on se servira d'une barre posée d'abord par terre, puis très peu élevée; et cela, non pas tant pour faire sauter le cheval que pour en devenir absolument maître, en le rendant parfaitement droit et calme, comme au travail à la longe sans obstacle.

La barre par terre, ou presque par terre, n'offre pas l'inconvénient d'un obstacle plus élevé, sur lequel l'instructeur pourrait avoir quelque difficulté à empêcher le cheval de se dérober, de s'arrêter ou de marquer un temps d'arrêt. Elle remplace avantageusement, en ce qui concerne la docilité à faire acquérir, un fossé très peu large, disposé de manière à ne pås gêner les mouvements de l'instructeur et qu'on n'a pas toujours à sa disposition.

En raison du peu de difficulté que l'animal aura à surmonter sur la barre par terre, l'instructeur arrivera vite à obtenir une entière soumission. *Il devra d'ailleurs attacher une très grande importance à cette leçon, et ne pas perdre de vue que l'animal, qui y est docile, peut être considéré comme à peu près dressé.* En effet, si l'instructeur a soin d'aller du simple au composé, c'est-à-dire d'augmenter l'obstacle d'une quantité très peu sensible, il sera obéi, sans rencontrer la moindre résistance, chaque fois que, satisfait du travail du cheval, il voudra demander un effort plus considérable. Aussi prescrirons-nous à l'instructeur de ne jamais terminer les premières leçons sans revenir à la barre par terre. Il devra même y revenir dans le courant de la séance, si l'animal, par suite de trop d'exigence ou pour toute autre cause, venait à montrer de la répugnance dans son travail.

Dans le commencement, il arrivera souvent que le cheval touchera et s'acharnera à renverser la barre.

Il ne faut pas s'en alarmer; les petits coups répétés que se donne l'animal, lui apprendront vite, souvent dès le jour même, quelquefois seulement le lendemain, à ne pas toucher l'obstacle assez fortement pour le renverser, s'il est mobile, ou pour tomber lui-même, si l'obstacle est fixe. L'inflammation des genoux qui pourra résulter de ces coups, disparaîtra généralement d'elle-même après quelques jours, et, en tous cas, ne résistera pas à quelques douches ou frictions. Il ne faut pas confondre cette inflammation avec celle qu'on voit souvent aux genoux des chevaux de course, qui reçoivent des coups violents à des allures allongées, et qui parfois en conservent les traces leur vie durant.

Nous ajouterons à toutes ces observations que le métier de sous-instructeur, assez simple dans le travail à la longe, devient plus délicat dans le dressage à l'obstacle. Cet aide devra être assez intelligent pour comprendre vite et bien les ordres qu'il recevra de l'instructeur.

EXPOSÉ DE LA MÉTHODE DE DRESSAGE A L'OBSTACLE.

Manière de donner la leçon.

La barre étant par terre, par exception le travail commencera au pas et le sous-instructeur tiendra la longe. Il laissera au cheval une liberté de 2 ou 3 mètres, et marchera franchement, en se dirigeant droit sur la barre, qu'il passera suivi de l'animal.

L'instructeur, de son côté, suivra le cheval et fera en

sorte *qu'il ne ralentisse en aucune façon son pas*, au moment de passer la barre ; pour cela, il le stimulera avec la chambrière, si c'est nécessaire.

La barre passée, on marchera quelques pas droit, on fera demi-tour sans arrêter, et on repassera la barre en sens inverse et dans les mêmes conditions. L'instructeur et l'aide reprendront alors la place qui leur est assignée dans le travail à la longe, et sans s'inquiéter outre mesure de l'allure prise par l'animal, ils le mettront sur un cercle d'un rayon relativement petit, et tracé de façon que la barre se trouve sur la circonférence. Le cercle sera ensuite agrandi, quand on sera persuadé que le cheval n'a aucune envie de dérober, et l'instructeur l'y fera travailler au galop, puis au trot et au pas.

Dans ce travail et surtout pendant tout le cours du dressage, à mesure que les difficultés augmentent, l'instructeur aura soin de se placer du côté où le cheval arrive pour sauter et d'autant plus en arrière de l'obstacle que ce dernier est plus élevé ou plus large et que le cheval a plus de tendance à marquer un temps d'arrêt. L'instructeur laisse traîner à terre l'extrémité inutilisée de la longe ou la fait tenir par l'aide. Celui-ci, toujours aux ordres de l'instructeur, se place soit entre lui et l'obstacle, et d'autant plus près de l'obstacle que le cheval a plus de tendance à dérober ou à sauter de travers en dedans du cercle (*fig.* 30), soit à l'autre extrémité de l'obstacle par rapport à l'instructeur, si le cheval a tendance à sauter de travers en dehors du cercle (*fig.* 31), soit très en arrière de l'obstacle pour activer le cheval avant l'exécution du saut (*fig.* 32).

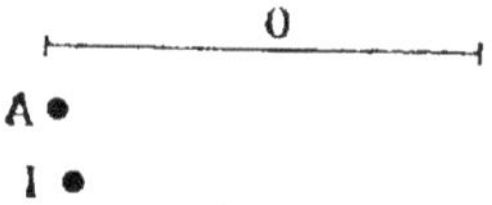

Figure 30.
O, obstacle. I, instructeur. A, aide.

La place de l'instructeur doit être telle que, si le cheval décrivait autour de lui un cercle régulier, ce cercle,

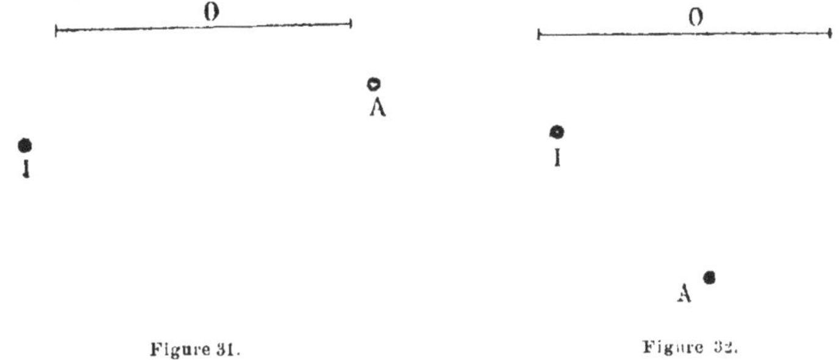

Figure 31. Figure 32.

plus exactement cette circonférence, devrait, ou passer entre l'obstacle et lui (*fig.* 33), ou être tangent à l'obstacle (*fig.* 34), ou enfin le couper de telle sorte que la plus grande partie de la circonférence soit toujours du côté où l'obstacle doit s'aborder (*fig.* 35). En effet le cheval, après avoir été soumis quelques instants à ce travail, ne décrit plus une courbe régulière autour de l'instructeur ; car, déjà habitué à passer la barre, il a tendance à se redresser, pour marcher sur elle, dès qu'il l'aperçoit ; de plus, la chambrière, que l'instructeur est souvent obligé d'employer et qu'il ne parvient pas, malgré tous ses efforts, à dissimuler au cheval, effraie ce dernier, le fait s'écarter et par cela même le met perpendiculaire à l'obstacle. Si l'instructeur se servait de la chambrière en se plaçant sur le prolongement de l'obstacle, il n'agirait sur le cheval qu'au moment même du saut, au lieu de pouvoir le sti-

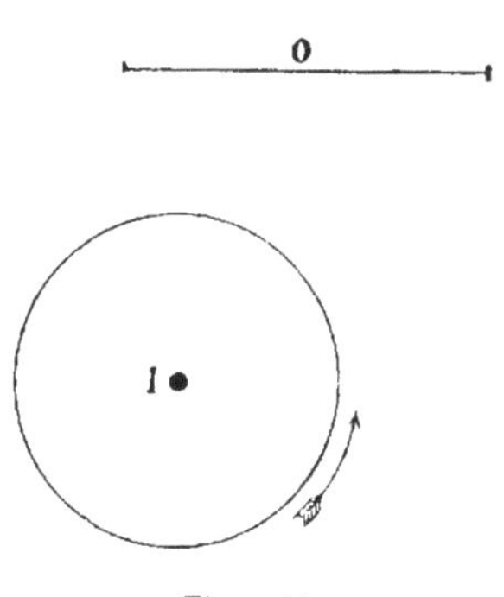

Figure 33.

muler par derrière plusieurs foulées avant l'obstacle; de plus, comment essayer de dissimuler la chambrière à l'ani-

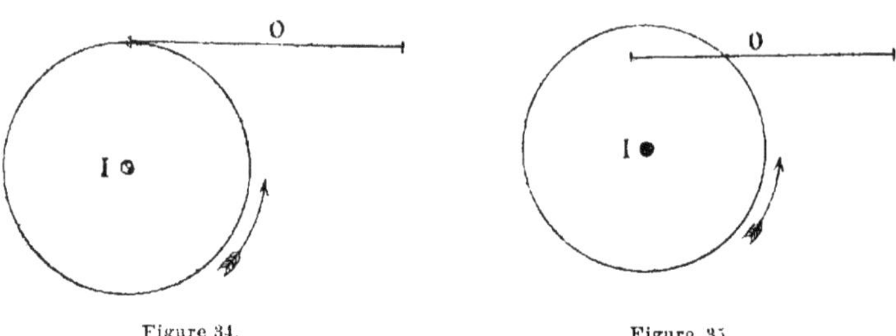

Figure 34. Figure 35.

mal, qui dès lors s'effrayerait et sauterait forcément de travers en dehors du cercle (*fig.* 35)?

En résumé, l'instructeur, lorsqu'il fait sauter un obstacle très petit, une barre par terre par exemple, doit se

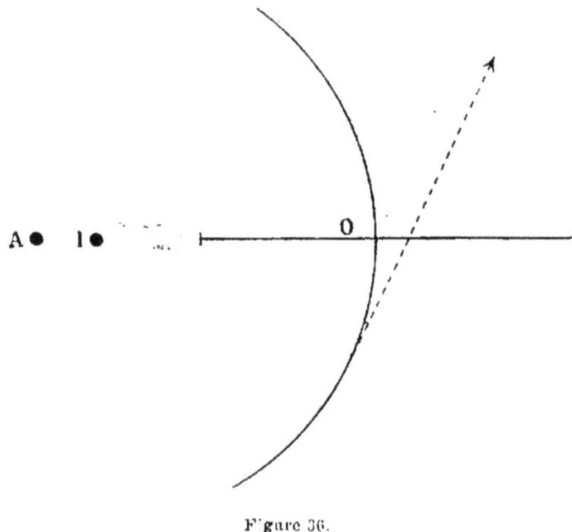

Figure 36.

placer du côté où le cheval arrive pour sauter l'obstacle et très peu en arrière de cet obstacle, de manière que, si le cheval décrivait un cercle régulier autour de l'instructeur, ce cercle vienne couper la barre, la plus grande partie étant en deçà et la plus petite au delà (*fig.* 37).

Au contraire, lorsqu'il s'agit d'un obstacle très élevé ou très large, une rivière de 5 mètres par exemple, nécessitant une allure allongée, l'instructeur doit se placer du côté où le cheval arrive pour sauter et très loin en arrière de l'obstacle, de manière que, s'il faisait décrire autour de lui à l'animal un cercle régulier et ayant un rayon de longueur ordinaire dans ce travail, ce cercle soit éloigné de l'obstacle (souvent même très éloigné) [*fig.* 38].

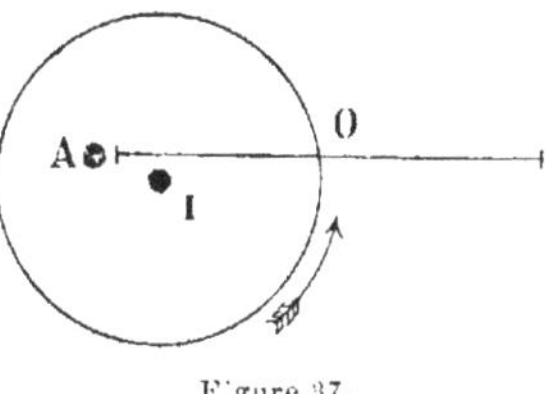

Figure 37.

Dans ce cas, le point où le cheval quitte son cercle régulier pour se diriger perpendiculairement à l'obstacle, peut facilement être éloigné de 20 mètres de cet obstacle. Il est bien entendu que le cheval n'arrive pas du premier coup à prendre l'habitude de marcher droit sur un grand obstacle et à une aussi grande distance de ce dernier, sans chercher à dérober; cette obéissance s'obtient facilement, lorsqu'on commence à la demander sur un obstacle très petit, dont on augmente l'importance en raison des progrès de l'animal. Lorsqu'il s'agit d'un obstacle sérieux et que le cheval, décrivant son cercle autour de l'instructeur, se trouve à l'endroit où il quitte ce cercle régulier pour se diriger perpendiculairement à l'obstacle, l'instructeur peut s'avancer d'un ou de deux pas parallèlement à l'obstacle et

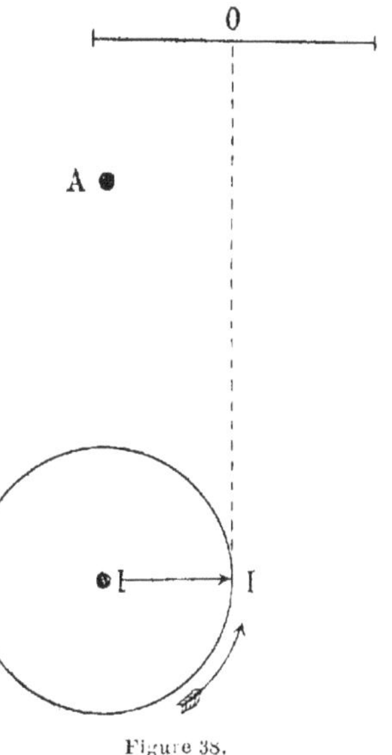

Figure 38.

vers le cheval; il se trouve, par cela même, tout à fait derrière le cheval et dans une excellente position pour le poursuivre et l'attaquer de la chambrière. Cette dernière ne peut le faire sauter de travers, puisqu'elle agit juste derrière lui.

Le cheval ne devant être gêné en aucune façon dans son saut, il est nécessaire, surtout pour des obstacles d'une grande importance, que l'instructeur se serv ed'une longe très légère, exempte de nœuds qui empêcheraient de la laisser couler facilement dans la main [1].

Ainsi donc, pour les raisons que nous venons d'exposer, le cheval ne trace pas un cercle régulier autour de l'instructeur et prend l'habitude de se diriger sur l'obstacle, dès qu'il l'aperçoit.

S'il paraissait vouloir d'ordinaire sauter de travers, l'aide devrait le remettre droit en se plaçant du côté vers lequel le cheval a tendance à sauter de travers, afin de le repousser du côté contraire, en prenant, s'il est besoin, une attitude plus ou moins menaçante. L'instructeur éprouverait une très grande difficulté si, voulant lui-même corriger le cheval qui saute de travers en dehors du cercle, il cherchait à le ramener vers l'intérieur de ce cercle par une traction sur la longe au moment du saut; par le moyen de l'aide, le défaut se corrige très facilement.

Le saut des obstacles à la longe devra être fait aux deux mains, de façon à éviter que le cheval ne prenne l'habitude de sauter de travers d'un seul côté, à droite par exemple, si on ne le faisait travailler qu'à main gauche.

Ces observations, ou plutôt cette longue digression, étant faites et par suite l'instructeur sachant bien com-

1. L'instructeur devra, à cet effet, se munir de gros gants pour se préserver les mains.

ment il devra agir dans tous les cas qui se présenteront, revenons à notre dressage.

On continuera à exercer le cheval sur la barre par terre jusqu'à ce qu'il ne manifeste plus aucune appréhension. Il sera d'ailleurs facile de s'en rendre compte, si on le voit passer la barre au galop, au trot et au pas, sans temps d'arrêt, et si, au pas, il marche, avant et après l'obstacle, en balançant la tête, comme le ferait un cheval marchant nonchalamment en liberté ; en un mot, si l'on voit l'animal aussi maniable que s'il était au travail à la longe sans obstacle.

Si le cheval persiste à bourrer sur la barre ou à la sauter, ce qui arrive fréquemment, l'instructeur diminuera le cercle, arrêtera le cheval aussitôt après son saut, le fera changer de main[1], comme il est prescrit au travail à la longe, le reportera en avant par un appel de longe, lui fera repasser la barre, l'arrêtera de nouveau, et continuera ainsi en laissant l'animal marcher le moins possible de chaque côté de l'obstacle et en lui interdisant toute apparence de temps d'arrêt. L'appréhension ayant complètement disparu, l'instructeur, au lieu d'arrêter le cheval aussitôt après la barre, le laisse marcher quelques pas, le fait changer de main, repasser la barre, marcher quelques pas encore, et ainsi de suite, en augmentant plus ou moins la distance de la barre au demi-tour, suivant que le cheval est plus ou moins tranquille.

Le travail se continuera jusqu'à ce que le cheval décrive plusieurs fois le tour complet du cercle, sans augmenter son allure et surtout sans la diminuer.

L'animal sera ensuite soumis au même travail en aug-

1. Lorsque l'instructeur fait changer de main, il a soin aussi de changer le centre du cercle décrit par le cheval, afin de se mettre à sa place, par rapport à l'obstacle qu'il veut faire sauter.

mentant le rayon du cercle, qui, dans le courant du dressage, devra être d'autant plus long que le cheval sera plus docile, l'allure plus rapide et l'obstacle plus sérieux.

La barre sera ensuite élevée progressivement jusqu'à environ 50 centimètres, en ayant soin de ne pas la mettre fixe, pour ne pas dégoûter le cheval par une chute, pouvant occasionner un accident, dont peut-être l'animal se souviendrait toujours.

Nous préférons les obstacles mobiles pendant le com-

Figure 39. — Chandeliers et barre.

mencement du dressage; car il est utile que le cheval prenne confiance et ne se fasse pas mal en sautant; nous employons ensuite les obstacles fixes, lorsque le cheval a été complètement instruit sur la manière de s'y prendre pour sauter; car, s'il tombe, il peut se rendre compte de la faute qu'il a commise.

Pour avoir un obstacle suffisamment mobile, sans l'être trop cependant, on inverse la position des chandeliers aux extrémités de la barre, de façon que, de quelque côté que le cheval se présente, il y ait toujours une extrémité de la barre en avant d'un chandelier, et une extrémité en arrière de l'autre. De cette manière, la barre ne sera jamais fixe, sans cependant être trop mobile (*fig.* 39).

Le cheval sera exercé le plus possible en suivant la progression des allures, l'instructeur devant attacher la plus grande importance à ce que le travail au galop soit parfaitement exécuté[1], avant de passer au travail au trot et au pas, afin de ne pas laisser le cheval prendre l'habitude de s'enlever près de l'obstacle.

Donc, si pendant le cours de la leçon, le cheval montrait quelque hésitation en sautant la barre au galop, il ne faudrait pas hésiter à diminuer la hauteur de l'obstacle, et même à revenir à la barre par terre. Il faut que l'animal précipite les deux ou trois foulées qui précèdent la barre, mais qu'après avoir sauté, il reprenne l'allure à laquelle il marchait.

Quand le cheval est parfaitement docile sur la barre à 50 centimètres, on lui enlève le caveçon et on le fait monter par un cavalier instruit[2]. Ce dernier aura soin de se maintenir sur le cercle; il passera la barre par terre, en suivant la progression des allures[3]. Il devra, bien entendu, en savoir assez pour laisser au cheval la libre disposition de sa tête et de son encolure.

Quand l'animal passera la barre sans sauter, on prescrira au cavalier d'agrandir le cercle de façon à arriver droit sur la barre.

Le cavalier aura soin de changer souvent de main, soit

1. La leçon sera donc d'autant plus facile à donner que le cheval sera plus docile à la longe.

2. Lorsqu'on a suivi pas à pas la progression de notre méthode, il est inutile de faire sauter les chevaux montés et tenus à la longe; nous conseillons cependant cette manière de faire avec les chevaux à mauvais caractère et qui seraient restés longtemps rétifs à l'obstacle.

3. Tant que la barre est peu élevée, il vaudra mieux commencer par le trot que par le galop, le cheval étant plus maniable à cette première allure. Cette précaution facilitera le travail sur le cercle et les perpétuels changements de main, nécessaires pour calmer l'animal.

près, soit loin de l'obstacle, et devra exiger de sa monture le même calme que si elle était à la longe, calme que le cheval acquerra promptement, s'il n'est gêné dans ses mouvements par une main trop dure ou une bouche trop sensible.

Quand le cavalier, montant un cheval ayant tendance à bourrer sur l'obstacle, passera d'une allure lente à une allure vive, il devra le faire sans brusquerie et avant de changer de main; car, si ce passage d'une allure à une autre venait toujours après le demi-tour, le cheval pourrait croire que c'est parce qu'il se trouve en face d'un obstacle qu'il doit changer d'allure, et par suite pourrait devenir chaud à l'obstacle. Si au contraire, montant un cheval chaud, le cavalier passe d'une allure vive à une allure lente, il devra le faire après avoir changé de main, le cheval de cette nature ayant toujours tendance à bourrer sur les obstacles. — Il ne faudrait pas cependant, sous prétexte d'éviter le cheval chaud, tomber dans le défaut contraire et arriver sur un obstacle avec un cheval manquant d'entrain. Le cheval doit toujours avoir du perçant, sans pour cela bourrer. Mais il est préférable, au point de vue de la bonne exécution du saut, d'avoir à activer un peu le cheval que d'être obligé de le retenir beaucoup; dans ce dernier cas, l'animal est gêné et ne peut exécuter son saut d'une manière sûre.

Le cavalier doit maintenant quitter le cercle et décrire des figures de toutes sortes; en les exécutant, il passera la barre, quand il la rencontrera. Il insistera sur les serpentines, qui ont l'avantage de bercer l'animal, c'est-à-dire de l'incliner tantôt à droite, tantôt à gauche, et de l'habituer ainsi à prendre le contact de la main du cavalier, ce qui est nécessaire pour la bonne exécution du saut.

Ces diverses figures, pendant l'exécution desquelles le cheval ne saute pas l'obstacle, toutes les fois qu'il passe à côté ou qu'il se trouve dans sa direction, rendent l'animal très calme, parce qu'il ne s'attend pas à sauter chaque fois qu'il se trouve près de l'obstacle.

On répétera le travail précédent, en élevant progressivement la barre jusqu'à la hauteur d'environ 50 centimètres et en exigeant que le cheval n'augmente pas son allure après le saut. S'il l'augmente, on le calmera à force de resserrer les figures qu'on lui fait décrire, et par suite de répéter le saut.

Néanmoins, comme précédemment, on n'attachera pas d'importance à ce que le cheval précipite les deux ou trois foulées qui précèdent la barre, pourvu qu'après avoir sauté il reprenne l'allure primitive.

Dans ce travail, le cavalier qui craindrait de gêner son cheval en sautant, devra employer de préférence l'allure du galop; car on sait que plus l'allure est rapide, moins le cavalier a chance de gêner son cheval. Du reste, si l'on fait usage de la tenue des rênes que nous avons indiquée, le cavalier n'a pas besoin d'être très exercé pour arriver à ne pas gêner son cheval en sautant et il pourra se permettre de sauter davantage au pas, allure qui est celle où le cheval a le plus à apprendre.

Après le travail préparatoire qui précède, le cheval sait s'enlever et est parfaitement docile sur l'obstacle. Il peut par conséquent être amené sur la largeur, pour laquelle une grande soumission de la part de l'animal est tout à fait nécessaire, puisque l'instructeur, comme nous l'avons dit, est un peu gêné parfois dans ses mouvements.

Il faudra avoir à sa disposition un fossé de 1 mètre à $1^{m},20$ de large et évasé de façon à éviter toute chance d'accidents, qui feraient naître chez le cheval l'appréhension et non la confiance que nous cherchons à lui donner.

On répétera avec la longe le travail prescrit pour la barre à 50 centimètres, en laissant, comme à ce travail, l'animal précipiter, s'il le veut, les foulées qui précèdent l'obstacle, pourvu qu'il reprenne ensuite l'allure primitive à l'indication de l'instructeur. Ce dernier devra même insister d'une manière toute particulière pour faire précipiter *la dernière foulée au moment où le cheval s'enlève*. En effet, l'animal aurait-il précipité un grand nombre de foulées avant l'obstacle, *il perd entièrement, s'il se retient à la dernière foulée, le bénéfice résultant de ce qu'il a précipité les foulées précédentes*; il est par suite incapable de faire un saut en largeur.

C'est à ce point du dressage surtout, que l'instructeur devra empêcher le cheval de marquer le moindre temps d'arrêt, serait-ce même pour se rendre compte de l'obstacle. Car il faut habituer l'animal à juger rapidement, et sans s'arrêter le moins du monde, l'obstacle qu'il doit sauter; ce résultat peut parfaitement s'obtenir, puisque nous n'amenons le cheval que sur des obstacles en rapport avec l'expérience qu'il a déjà acquise. Ce travail devra être exécuté successivement, puis simultanément aux trois allures.

Quand le cheval y sera bien mis, il sera débarrassé de la longe et monté par le cavalier, qui exécutera au trot et au galop, le même travail que pour la barre élevée à 50 centimètres et en exigeant le même calme. Le cavalier devra souvent, aussitôt après avoir franchi l'obstacle, mettre son cheval au pas, et abandonner les rênes, pour laisser l'animal marcher comme en liberté. Cette pratique donnera l'habitude du calme après l'obstacle ; le cheval, ayant accéléré les dernières foulées, pourrait en effet profiter de cette accélération pour gagner à la main. Le cavalier ressentira les bons effets de cette manière de faire dans le cas où, sentant son cheval se retenir dans les dernières foulées avant de sauter, il aurait été obligé de l'attaquer; en effet, grâce à cette habitude prise, il pourra se rendre maître de l'animal, aussitôt l'obstacle passé.

Arrivé à ce point, le cheval sera repris à la longe, et mené dans la campagne, où, mis en cercle, il sautera facilement et passera volontiers des obstacles naturels. On ne regardera pas à lui en faire aborder de plus sérieux que ceux qu'il a sautés jusque-là ; car il a toujours moins d'appréhension sur les obstacles naturels, et, par suite, il les franchit plus aisément et plus adroitement.

On augmentera d'ailleurs la difficulté des obstacles, en largeur d'abord, puis en hauteur, quand le cheval sautera la largeur sans marquer le moindre temps d'arrêt.

Le fossé couvert est un obstacle auquel le cheval devra être exercé très souvent. Il faudra veiller à ce que l'animal prenne l'habitude de juger rapidement cet obstacle, afin de ne marquer aucun temps d'arrêt qui rendrait impossible de franchir la largeur nécessaire. A cet effet, l'instructeur exerce d'abord le cheval sur un fossé peu couvert et étroit.

C'est à ce genre d'obstacles surtout qu'on récoltera les bienfaits de l'habitude qu'aura prise le cheval de porter en avant sa tête et son encolure avant de les retirer sur le tronc, mouvement sans lequel il pourra passer à la rigueur les autres obstacles, mais sera hors d'état de franchir sûrement les fossés couverts; par le fait de la tête qui se baisse et se porte en avant en même temps que l'encolure s'allonge, il peut prendre parfaitement connaissance de l'obstacle (*fig.* 40).

Le cheval, sachant sauter à la longe les obstacles ordinaires qu'on rencontre dans la campagne, recevra la même leçon, n'étant plus tenu à la longe mais monté au galop, au trot, voire même au pas, si l'habileté du cavalier et la nature de l'obstacle le permettent; l'instructeur n'oublie pas que, plus l'allure est rapide, moins la main a de chance de gêner l'animal.

Figure 40. — Cheval passant un fossé couvert.

Dans cette leçon, il sera le plus souvent inutile de sauter plusieurs fois le même obstacle; le but est au contraire de varier les difficultés que rencontrera le cheval.

Il est possible que la leçon du fossé couvert exige qu'on insiste un peu plus sur la longe, avant de faire monter l'animal ; c'est à l'instructeur de juger ce qu'il devra faire.

Arrivé à ce point, le cheval est réputé dressé pour le service militaire et peut être conduit avec confiance sur un terrain de manœuvre, pour y franchir *plusieurs fois de suite, en variant les allures ou sans quitter le galop*, les obstacles qui y sont généralement disposés.

Il est aussi en état de sauter sûrement les différents obstacles qu'on rencontre à la chasse, sauf toutefois dans les pays, d'ailleurs très rares, qui nécessitent l'emploi de sauteurs tout à fait remarquables. De plus, nous affirmons que, si le travail a été bien donné en suivant scrupuleusement notre progression, trois jours, avec deux leçons d'une demi-heure par jour, suffiront pour obtenir ce résultat. Notre méthode a donc pour but de mettre, dans un temps très court, *un cheval fait*, en état de rendre des services comme sauteur, soit en qualité de cheval d'armes, soit en qualité de cheval de chasse, et de le préparer parfaitement à recevoir les leçons suivantes, qui doivent en faire un grand sauteur. Mais l'application de cette méthode demande une étude approfondie et n'est pas à la portée du premier instructeur venu.

Lorsqu'on dresse une reprise de jeunes chevaux, non seulement il ne serait pas utile, mais encore il serait préjudiciable de pousser aussi vite cette éducation, le cheval n'ayant pas acquis toute sa force. Nous croyons donc que, dans ce cas, le dressage à l'obstacle ne doit pas être l'objet de leçons particulières, mais au contraire se faire en même temps que le dressage proprement dit. Nous croyons aussi que le jeune cheval n'a qu'à gagner à ce qu'on le lui fasse suivre journellement. Voici comment nous conseillons de donner cette leçon : après que le cheval non monté aura été exercé, pendant plusieurs jours, au travail à la longe sur des obstacles disposés à cet effet dans un *manège circulaire*, il devra pouvoir être monté sur d'autres obstacles. L'instructeur fait donc placer une barre par terre sur la piste suivie et prescrit aux cavaliers de mettre pied à terre.

Ceux-ci, conduisant leurs chevaux par la figure, se mettent en marche les uns derrière les autres, le conducteur ayant un cheval très franc et traçant un cercle tel que la barre se trouve sur la circonférence. L'instructeur est au centre du cercle et stimule les chevaux qui hésitent. Après quelques tours, les chevaux passent la barre sans aucune appréhension. L'instructeur fait alors monter les chevaux et continue à marcher en cercle, d'abord au pas, puis au trot et au galop, en faisant agrandir le cercle à mesure que les chevaux prennent confiance et en recommandant aux cavaliers d'augmenter leurs distances ; il fait ensuite changer de main sur le cercle et exécuter aux chevaux quelques tours aux différentes allures, puis commande de marcher large, et, à partir de ce moment, le travail du dressage proprement dit continue comme si la barre n'était pas dans le manège ou la carrière, et cela pendant une grande partie de la reprise. Chacun des jours suivants, on pourrait pendant un quart d'heure, soit plus, soit moins, selon que l'instructeur le jugera convenable, élever la barre de 10 centimètres et continuer le travail du dressage proprement dit, comme on le faisait lorsqu'il n'y avait pas d'obstacle dans le manège. Quelques jours après, on pourra élever encore l'obstacle de 10 centimètres, et ainsi de suite jusqu'à la hauteur réglementaire, en ayant bien soin d'aller très lentement dans l'augmentation de la hauteur de l'obstacle.

Pour le fossé, on s'y prendra de la même manière, en continuant toujours le travail du dressage proprement dit. On formera la reprise à portée du fossé que l'on veut faire sauter et chaque cavalier pourra, sur un ordre individuel, aller franchir le fossé et venir ensuite se remettre dans la reprise, observant de passer au pas après le saut, si le cheval est chaud; l'instructeur pourra encore donner l'ordre aux cavaliers de sauter le fossé toutes les fois que, dans les différents mouvements commandés, ils le trouveront sur leur passage. Comme pour la hauteur, on augmentera très peu à la fois l'importance de l'obstacle, et on insistera de préférence sur le fossé le moins large. Notons que, quel que soit l'obstacle, si le cavalier est obligé pour sauter de faire changer d'allure au cheval, il fait aussi reprendre l'allure primitive aussitôt après avoir sauté.

Avec cette méthode, non seulement les chevaux développent leurs moyens et apprennent parfaitement à sauter, mais encore ils prennent l'habitude de regarder constamment le sol sur lequel ils marchent et deviennent par suite très adroits dans les terrains variés. Quand les chevaux de la reprise sont jugés francs et adroits, ils peuvent être amenés, à la fin des séances, sur les obstacles artificiels du terrain de manœuvre, où on les exerce à sauter soit par un, soit par deux et par quatre. Mais on devra prévenir les cavaliers qu'ils ne sont plus soumis à l'alignement à quelques mètres de l'obstacle, *le cheval devant avoir toute son initiative pour sauter*. L'alignement sera repris une fois l'obstacle passé.

C'est alors qu'il serait bon d'avoir recours au dressage

derrière les chiens, pourvu qu'il fût pratiqué dans de sages limites et sans jamais fatiguer l'animal. Ce complément de travail rendrait au cheval la gaîté et le perçant que les fautes d'un instructeur inexpérimenté auraient pu lui faire perdre pendant le dressage, toujours délicat, à la longe.

DRESSAGE DU GRAND SAUTEUR.

Si l'on veut obtenir d'un cheval qu'il devienne grand sauteur, il faudra pousser plus loin son dressage, car il n'a acquis jusqu'ici que les connaissances suffisantes pour profiter des leçons de plus en plus délicates qui devront perfectionner son éducation sur l'obstacle.

C'est en vue de ce perfectionnement que nous avons insisté d'une manière toute particulière sur la *docilité à la longe, l'absence de temps d'arrêt avant le saut* et *l'exécution de ce dernier, le cheval bien droit.* Nous aurions eu à peine à parler de ces conditions, si notre but unique avait été de faire un cheval de chasse, propre à parcourir, aux allures relativement raccourcies, des pays à obstacles assez rares et peu sérieux ; nous n'aurions pas dit non plus que le travail à la longe sur les obstacles devrait être considéré comme très difficile à exécuter.

Mais, notre but étant de rendre un cheval de chasse capable de parcourir des pays difficiles aux allures vives, et même au besoin de prendre part aux courses réservées aux hunters, nous avons voulu combattre des défauts qui n'ont pas grande conséquence dans des pays faciles et à des allures relativement modérées, mais qui sont capitaux, quand on veut pousser plus loin le dressage et former un grand sauteur. Si, par exemple, le cheval a été mis à l'obstacle avant d'être parfaitement docile à la longe, et si, arrivé à ce point de son dressage, il a pris l'habitude de sauter de travers et de marquer un temps d'arrêt, il sera très long et très difficile de lui faire passer ces défauts; l'instructeur qui, malgré cela voudra pousser plus loin le dressage de son cheval, en verra les progrès arrêtés à chaque instant[1].

C'est donc ici que le travail est surtout dirigé en vue des obstacles en largeur, si on veut faire un cheval sautant parfaitement. Il faudra avoir à sa disposition trois rivières : l'une de 2 mètres, à laquelle on devra revenir très souvent, pour mettre le cheval en confiance, comme nous agissons avec la barre par terre, à la fin de chaque séance;

Une de 3 mètres;

Une de 4 mètres.

Ces rivières ou fossés seront creusés au milieu d'un terrain, de façon qu'on puisse les faire sauter à la longe aux deux mains. Elles seront profondes d'environ $0^m,50$ et remplies d'eau, si c'est possible. Chacune sera munie d'un balai mobile, sorte de petite haie, qui, reculée ou avancée, augmente ou diminue la largeur de l'obstacle.

Nous insistons sur le saut aux deux mains, pour combattre chez le cheval la disposition à sauter de travers, disposition à laquelle il céderait d'autant plus facilement que, pour une largeur sérieuse, l'instructeur est souvent obligé d'employer la chambrière.

Nous ajouterons qu'à mesure que le dressage avance,

1. Nous avons vu beaucoup de cavaliers voulant employer notre méthode sans la connaître à fond; aussi les chevaux qu'ils dressaient paraissaient sauter très bien la hauteur, mais étaient incapables de sauter une rivière un peu large.

la docilité à la longe est plus indispensable, et la mission de l'instructeur et du sous-instructeur plus délicate.

On devra être très exigeant dans les résultats obtenus au galop avant d'employer le trot, en admettant que les forces de l'animal puissent supporter le travail à cette allure (ce qui d'ailleurs développerait considérablement ses moyens).

Manière de donner la leçon.

Le cheval sera mis à la longe sur le fossé de 2 mètres, d'après les mêmes principes que pour celui de $1^{m},20$.

L'instructeur aura soin de se placer de façon à permettre à l'animal de marcher droit plusieurs foulées avant l'obstacle et de façon aussi à pouvoir le suivre pour l'actionner de la chambrière, s'il est nécessaire ; ces explications ont été données déjà, avec figures en plan à l'appui. Si le cheval est docile à la longe et si l'instructeur sait se placer, l'animal doit pouvoir, en cas de besoin, marcher environ 20 mètres au galop, droit sur l'obstacle. On conçoit donc que des chevaux ordinaires, se trouvant ainsi à peu près dans les mêmes conditions qu'en liberté dans le couloir, arrivent à sauter une rivière d'au moins 5 mètres.

Si l'instructeur est content de la manière dont le cheval saute la rivière de 2 mètres, il le met sur une barre plus haute que celles qu'il a déjà sautées ; puis sur une claie d'abord assez basse, l'obstacle artificiel nouveau amenant toujours de l'appréhension.

Il recule ensuite progressivement le balai mobile de la rivière, pour l'élargir jusqu'à trois mètres environ.

Une fois mis à la longe sur ces obstacles, le cheval est monté, et on répète la leçon d'après les principes connus, faisant sauter à l'animal plusieurs fois le même obstacle au galop et au trot, et dans les deux sens, si c'est un fossé. On le fera même sauter quelquefois au pas, s'il est puissant, en ayant soin de le laisser précipiter les dernières foulées.

Cependant rappelons à l'instructeur que plus on augmente la hauteur, moins il faut employer les petites allures; car le cheval contracterait l'habitude de prendre sa battue près de l'obstacle et agirait de même au galop. Or ce défaut est d'autant plus grave que l'obstacle est plus élevé et l'allure plus rapide.

On ira ensuite à l'extérieur, où l'on fera sauter au cheval, à la longe d'abord, puis monté, des obstacles proportionnés à ses progrès dans le dressage.

Après un nombre de séances également indiqué par les progrès de l'animal, on répétera sur la rivière de 3 mètres, augmentée jusqu'à environ 4 mètres, et sur une hauteur croissante, la même leçon que précédemment, ayant toujours soin que le saut en hauteur ne porte aucun préjudice à celui en largeur. On ira aussi à l'extérieur.

Pendant le cours de ces leçons, chaque séance sera terminée en remettant le cheval à la longe sur la rivière de 2 mètres.

On remarquera que la rivière de 3 mètres commençant à être un obstacle sérieux, l'animal monté ne devra la sauter qu'un petit nombre de fois, sous peine d'abuser de ses forces. C'est donc avec avantage qu'on insistera sur celle de 2 mètres.

On abordera alors, en suivant la même progression, la rivière de 4 à 5 mètres.

Si le cheval marque une appréhension manifestée soit par un temps d'arrêt, soit en bourrant, il faudra abandonner les obstacles sérieux, et revenir à la rivière de 2 mètres qu'on ne quittera qu'une fois le cheval parfaitement calme, et en suivant pas à pas la progression, qui doit ramener aux gros obstacles.

Si à la hauteur le cheval s'arrête et refuse de sauter, ou s'il se fait mal en sautant, il ne faudra pas hésiter, pour lui rendre la confiance perdue, *à baisser l'obstacle et souvent même à le baisser beaucoup*. Car on risque fort de le dégoûter en le ramenant plusieurs fois sur le même obstacle, sans pouvoir le lui faire sauter. Et à ce sujet le règlement sur les exercices de la cavalerie dit très judicieusement : « Le talent du cavalier consiste beaucoup plus « dans l'art de prévenir les défenses du cheval que dans la « puissance capable de les maîtriser, et le cachet d'une « saine expérience réside surtout dans l'aptitude à éluder « toutes les occasions susceptibles de provoquer une lutte « entre le cavalier et sa monture. »

CHAPITRE VIII

INSTRUCTION DU CAVALIER ET MANIÈRE D'ABORDER L'OBSTACLE.

Une grave erreur consisterait à croire qu'en franchissant un obstacle de temps en temps, le cavalier peut apprendre à sauter convenablement. Nous pensons au contraire que si, pour acquérir ce talent, il n'est pas utile de sauter de grands obstacles, il est du moins nécessaire d'en sauter beaucoup qui soient peu sérieux.

Distinguons deux sortes d'obstacles : ceux qu'on doit passer sans les sauter et ceux qu'il faut sauter.

Commençons par l'étude des premiers, c'est-à-dire de ceux qu'on doit passer.

Tout d'abord, il faut être pénétré de cette vérité que le cheval a constamment besoin du libre emploi de sa tête et de son encolure, pour éviter les fatigues inutiles aussi bien que les chutes. Ainsi, lorsqu'en marchant au pas le cavalier tient trop son cheval et empêche par là le mouvement de balancement de tête et d'encolure qui aide tant l'animal et lui est si naturel quand il est en liberté, il porte à sa monture le même préjudice qu'à un homme à pied dont les bras, quand il fait une route, seraient attachés de manière à ne pouvoir remuer. Pour monter une côte un peu raide, ne penchons-nous pas la tête et le haut du corps en avant? Le cheval traînerait-il un lourd fardeau en montant s'il était enrêné et privé par suite du libre emploi de sa tête et de son encolure? L'homme ne serait-il pas exposé à tomber souvent, si, traversant des terrains inégaux, il n'avait pas l'usage de ses bras? En terrain varié et difficile, comment le cheval choisirait-il les endroits où il doit passer et éviterait-il les chutes, s'il n'avait complètement à sa disposition le gouvernail et le balanciers formés par la tête et l'encolure? *Tenir son cheval*, c'est donc, sans le gêner en rien, *conserver seulement le contact moelleux de sa bouche*, afin d'être prêt, par cette sorte de surveillance incessante, à l'aider en cas de faute et non pas lui enlever par une traction trop forte, opérée par une main trop raide, le libre emploi de sa tête et de son encolure. — Pour gravir une forte pente, c'est encore et toujours la liberté de la tête et de l'encolure qui est nécessaire : le cavalier n'a plus ensuite qu'à porter lui-même le haut du corps en avant en saisissant la crinière près du garrot avec une main, tandis que l'autre main donne, s'il y a lieu, la direction par les rênes ; le cheval monte alors avec aisance et sans précipitation, si toutefois la pente n'est pas trop raide. Qu'au contraire le cavalier tire sur les rênes et empêche ainsi sa monture d'employer sa tête et son encolure, et alors le cheval, quand la franchise l'emporte sur l'instinct de la conservation, se précipite pour gravir la pente, sans essayer de se rendre compte du terrain sur lequel il va marcher, ce qui occasionne de nombreuses chutes.

Pour descendre une pente raide, il est également indispensable de laisser au cheval le libre emploi de sa tête et de son encolure. Le cavalier en outre porte le corps en arrière en saisissant d'une main le troussequin de la selle pour ne pas glisser et en tenant de l'autre main les rênes pour donner la direction s'il y a lieu, mais sans tirer afin de ne pas acculer le cheval. Il faut avoir soin, soit en montant, soit en descendant, de ne pas suivre les pentes obliquement, ce qui pourrait amener des accidents en cas de glissade sur le côté.

Dans les terrains variés, s'il se rencontre un très petit obstacle, le cheval l'enjambe quand il a le libre emploi de sa tête et de son encolure ; autrement, il le saute le plus souvent, et cela par mesure de prudence ; car il aperçoit bien l'obstacle, mais il n'est pas à même d'en apprécier l'importance ni de juger l'endroit exact où il doit s'enlever pour ne pas tomber, tout en conservant son allure.

Ces indications facilitent au cavalier la marche dans les terrains variés, l'aident à mieux passer les obstacles qu'il n'est pas utile de franchir et à mieux sauter ceux qui ne peuvent être passés.

Rappelons que le saut s'opère chez le cheval par un véritable mouvement de bascule, qui se fait avec plus ou moins de facilité suivant que la tête et l'encolure sont elles-mêmes plus ou moins libres dans leur jeu. Si le cavalier empêchait le cheval de se servir à son gré de sa tête et de son encolure au moment du saut, il commettrait une faute encore plus grave peut-être qu'en attachant derrière le dos d'un homme qui va sauter ou en tirant par derrière des bras qui demandent à se jeter en avant pour aider l'enlever du corps. Avant de sauter, le cheval retire la tête et l'encolure sur le tronc pour faciliter l'enlever du devant, mais ce retrait est précédé d'un mouvement d'extension des deux mêmes parties. L'homme qui franchit un obstacle, à pieds joints surtout, fait avec ses bras ce que fait avec sa tête et son encolure le cheval qui saute.

Rien de plus simple que ces explications : si le cavalier ne les saisit pas immédiatement, il n'a qu'à sauter beaucoup et il en sentira vite la justesse.

Pour le saut, il faut se conformer aux prescriptions suivantes : avant de sauter, chausser les étriers, s'asseoir pour donner toute facilité aux jambes de stimuler le cheval, s'il y a lieu, et de l'assurer dans le mouvement en avant ; ajuster les rênes[1] de manière que toutes soient également tendues, que les appuis ne soient pas divisés et que par suite il n'y ait pas une mobilité dans la bouche qui empêcherait cette dernière de se rendre maîtresse de la main du cavalier pour la facile exécution des mouvements de tête et d'encolure. Au moment où le cheval s'élance, le cavalier doit se lier à ses mouvements en

1. Voir la tenue des rênes.

l'enveloppant sans trop de contrainte avec les jambes et en cédant du rein, maintenir constamment son corps dans une direction verticale (autrement dit perpendiculaire au plan général du sol) et laisser tomber la main droite sur le côté[1] en permettant à la main gauche de suivre servilement les différents mouvements de tête et d'encolure. — Une fois le saut exécuté, le cavalier reprend la tenue de rênes qu'il avait auparavant.

Si le cavalier est en bridon, il croise ses rênes dans la main gauche, ce qui ne l'empêche pas de conduire à deux mains jusqu'à l'obstacle et de laisser tomber ensuite la main sur le côté au moment où le cheval s'élance.

Le cavalier qui par un exercice répété a acquis assez de tact pour agir selon les règles exposées, est seul à même de tenir les rênes des deux mains pendant toute l'exécution du saut. Cette tenue de rênes, plus correcte assurément, est trop délicate pour que nous puissions la conseiller d'une manière générale.

Nous n'aimons pas la méthode qui consiste à envelopper avec force le cheval en lui donnant deux coups d'éperon au moment où il s'élance, parce qu'en agissant ainsi on contrarie l'animal dans son initiative, qui est cependant en pareil cas un guide infiniment plus sûr que les aides du cavalier; parce qu'on donne rarement le coup d'éperon juste au moment où il servirait; parce que le cheval habitué à être ainsi monté est désorienté si un cavalier agit autrement; parce que les coups d'éperons peuvent rendre le cheval trop chaud et le jeter dans l'obstacle. On voit donc que c'est seulement dans de rares oc-

1. Dans les commencements, il est bon, comme nous l'avons dit, que le cavalier jette sa main en arrière et en l'air, comme s'il voulait donner un coup de revers à quelqu'un placé derrière lui.

casions et exceptionnellement, que l'éperon peut être employé au moment même où le cheval s'enlève.

Le cavalier étant bien pénétré des règles générales qui président à la manière d'aborder les obstacles, on place une barre par terre sur un des grands côtés du manège et perpendiculairement à ce grand côté. S'il s'agit d'une reprise, on se met en cercle de manière que la barre soit sur la circonférence, et lorsque les chevaux, d'ailleurs dressés déjà, passent cette barre avec calme, l'instructeur fait marcher large et continue l'instruction des cavaliers, comme si la barre n'était pas dans le manège. Il faut suivre, pour le dressage du cavalier à l'obstacle, la même marche que pour le dressage du cheval et attacher, comme quand il s'agit de ce dernier, la plus grande importance à passer la barre par terre : on la laisse ainsi, sans l'élever, autant de jours qu'il est nécessaire pour que les chevaux, sans marquer aucun temps d'arrêt, l'enjambent sans la sauter ; c'est la preuve que les cavaliers sont capables de passer un petit obstacle, sans que la main gêne la bouche du cheval. On peut alors, pendant plus ou moins longtemps et tout en continuant l'instruction comme s'il n'y avait pas d'obstacle dans le manège, élever chaque jour la barre d'une petite quantité, jusqu'à ce qu'on arrive à une hauteur moyenne (90 centimètres par exemple, comme il est prescrit dans les règlements de la cavalerie), en faisant sauter d'autant moins que la barre est plus haute, et en ayant soin pendant longtemps de terminer la reprise en revenant par gradation à la barre par terre. En général, les rênes seront tenues dans la main gauche, mais il est bon, comme exercice, de les prendre quelquefois dans la main droite et de laisser alors tomber la main gauche sur le côté : toujours le cavalier devra conduire son cheval à l'obstacle avec les deux mains jusqu'au moment du saut.

Comme complément de ce travail, on place la barre, ou mieux une deuxième barre, dans l'intérieur du manège, perpendiculairement ou parallèlement aux grands côtés, afin que les cavaliers la sautent quand ils la rencontrent et s'habituent ainsi à bien conduire leurs chevaux sur un obstacle isolé ; on commence, comme à l'ordinaire, par mettre cette deuxième barre par terre.

Les moyens employés pour apprendre à sauter la largeur sont les mêmes que ceux prescrits quand il s'agit de la hauteur. L'instruction générale du cavalier se continue, sans qu'il y ait besoin de leçons particulières.

Plus tard, on fait sauter, à la fin du travail, d'abord par un, puis par deux et par quatre, les obstacles disposés sur les terrains de manœuvres.

On termine enfin l'instruction des cavaliers en les promenant à travers champs, pour leur faire sauter divers obstacles reconnus d'avance.

On arrivera plus vite à de bons résultats, si chaque jour, pendant les exercices de voltige, on fait sauter les cavaliers montés sur un cheval tenu à la longe[1]. Leurs bras seront ballants; la confiance arrivera promptement avec l'habitude de se laisser aller aux mouvements du cheval.

C'est d'ailleurs, à notre avis, le seul cas où l'homme doit sauter sans ses rênes. En les faisant lâcher, on augmente l'appréhension du cavalier au lieu de faire naître la confiance, et la liberté qu'a le cheval en sautant est

1. On choisit un cheval bien dressé à la longe et on ne fait sauter que de petits obstacles.

largement payée par l'à-coup qu'il reçoit de l'homme inexpérimenté quand celui-ci reprend ses rênes une fois l'obstacle passé. De plus, quand l'homme, après de longs exercices, arrive à conserver son assiette en abandonnant les rênes pendant le saut, il perd cette assiette quand il reprend ses rênes pour sauter à deux mains surtout. Car le cheval qui, n'étant pas tenu, a pris la bonne habitude d'allonger la tête et l'encolure, cherche instinctivement à le faire encore quand il est tenu ; le cavalier n'ayant pas reçu l'instruction spéciale destinée à lui donner le moelleux dans les bras et le tact dans les doigts, sera souvent arraché de sa selle et perdra les bénéfices de longues leçons passées à acquérir une bonne assiette. Au contraire, la méthode que nous employons pour le dressage du cheval comme pour celui de l'homme, permet d'arriver, *dans un temps plus court, à un résultat final meilleur*, donne très vite et presque malgré lui au cavalier la confiance, l'assiette et la bonne main, et a l'avantage de laisser le cheval tellement libre qu'il n'est guère plus gêné que s'il n'était pas tenu.

Si le dressage du cheval a été bien fait, le cavalier n'a aucune difficulté pour conduire sa monture à l'obstacle. Mais il peut avoir à monter des chevaux imparfaitement dressés ou rétifs. Comment s'y prendre alors ?

Si le cheval hésite quand on le dirige vers l'obstacle, il faut devancer ses résistances en le stimulant par des coups de mollet et même par des coups d'éperon plus ou moins répétés, et avec plus ou moins de vigueur, suivant le cas. C'est alors qu'on sentira les bienfaits d'une bonne assiette, qui est la condition indispensable pour que les jambes puissent agir librement.

Trop souvent les jambes du cavalier restent à peu près

inertes et alors le cheval s'arrête devant l'obstacle : c'est que l'homme ne possède pas une assez bonne assiette pour se servir convenablement de ses jambes. Qu'on insiste donc davantage sur un assouplissement que le règlement sur les exercices de la cavalerie appelle « la flexion des jambes » et qui remédie à ces défauts.

Si le cheval se dérobe obliquement en gagnant à la main, le cavalier lui fait reprendre l'allure à laquelle il est sûr de pouvoir le tenir, sépare les rênes, le ramène à cette allure aussi près que possible de l'obstacle et le laisse sauter ou le stimule, si c'est nécessaire, pour le forcer à franchir. C'est là qu'il faut employer les effets d'ouverture de rênes, encore appelés effets directs, qu'on oublie trop souvent : toutes les fois qu'un cavalier se trouve en désaccord avec sa monture, il en devient maître sans difficulté et la remet dans la direction qu'il veut suivre, s'il se sert de ces effets et s'il sait les aider par l'action de la jambe du même côté. Que le cheval en effet veuille se dérober à gauche en marchant ou qu'étant de pied ferme il refuse de tourner à droite, le cavalier n'a qu'à ouvrir franchement la rêne droite et à chasser les hanches à gauche avec la jambe droite ; le cheval est alors forcé de faire face à droite ; puis on lui replace la tête droite pour le laisser sauter et on le stimule avec les jambes. Si, après avoir amené la tête et l'encolure à droite et avant que la direction voulue ait été prise complètement, le cavalier sent son cheval faire des efforts pour se dérober de nouveau, il peut, afin de l'obliger à conserver la tête et l'encolure fléchies à droite, placer la main derrière la cuisse droite : le cheval est dans l'impossibilité de déplacer sa tête en la remettant dans la même direction que le corps et ne tarde pas à céder.

Lorsque le cheval cherche à dérober d'aussi loin qu'il aperçoit l'obstacle, il est facile de le remettre droit si on a soin de prendre l'allure à laquelle on en est maître. En pareil cas, il faut absolument s'emparer de la tête et de l'encolure et éviter au contraire que la tête et l'encolure ne s'emparent violemment de la main du cavalier[1], ce qui donne au cheval la possibilité d'aller où il veut. Si le cavalier, dès qu'il sent la tendance du cheval à dérober, fait sentir par une action légère de la main qu'il veut être le maître, la direction de l'obstacle est le plus souvent reprise; mais le cheval dont on ne s'est pas rendu maître en temps utile, devenant d'autant plus fort que son allure est plus allongée, ne peut toujours être remis droit, malgré tous les efforts faits pour s'emparer de sa bouche. De plus, le cavalier, par une traction vigoureuse, aura offensé plus ou moins la bouche, et nous savons que cette partie ne doit pas être offensée pour que le saut s'exécute dans de bonnes conditions.

Quelques chevaux dérobent avec tant de dextérité au moment même où ils abordent l'obstacle, qu'il est très difficile de les en empêcher. Nous conseillons dans ce cas de tenir les rênes avec les deux mains le plus possible et jusqu'à ce qu'on sente le cheval s'enlever. Mais le cavalier ayant une grande habitude de l'obstacle ne parvient pas lui-même à se rendre toujours maître de ces chevaux, qu'il est plus prudent de remettre en dressage.

Si le cheval se dérobe par un tête-à-queue à droite, on le replace dans sa direction primitive par un demi-tour à gauche et on le ramène sur l'obstacle à l'allure à laquelle

1. Il ne faut pas confondre le cheval qui s'empare violemment de la main du cavalier avec celui qui s'en empare moelleusement et dans le but d'exécuter son saut suivant les règles que la nature elle-même indique.

on est sûr de pouvoir le tenir. S'il résiste au demi-tour, on l'y contraint en ouvrant la rène gauche et en fermant la jambe du même côté. Les moyens inverses sont à employer si le cheval se dérobe par un tête-à-queue à gauche.

Si le cheval bourre et gagne à la main, il faut le mettre à une allure où on en est maître et l'amener ainsi à l'obstacle, mais pas par trop près, de façon qu'il ne soit pas gêné au moment même du saut.

Si le cheval s'arrête court, il faut reprendre du terrain, essayer encore de faire sauter en stimulant vigoureusement au moment où l'obstacle va être abordé. Nous préférons cette méthode, anciennement en usage, à celle qui aujourd'hui consiste à faire reculer le cheval pour reprendre de l'élan. Car généralement le cheval s'arrête court devant l'obstacle parce qu'il craint la main et il la craindra encore plus quand elle aura agi pour le faire reculer. Dans tous les cas, quand il s'agit de chevaux qui veulent s'arrêter devant l'obstacle, il faut agir vigoureusement avec les jambes et même, si c'est nécessaire, avec la cravache.

Si le cheval s'arrête d'aussi loin qu'il aperçoit l'obstacle et refuse d'avancer ou même fait demi-tour, on le remet droit et on cherche à le faire sauter en employant les moyens connus. S'il se confirme dans une aussi mauvaise habitude, il sera plus sage de le renvoyer pour le confier à un cavalier doux et énergique, qui aura soin de le soumettre de nouveau et très progressivement à la série des exercices indiqués dans le dressage du cheval. Cette sorte de rétivité est difficile à faire passer parce qu'elle est la conséquence des souffrances occasionnées, soit par la mauvaise main du cavalier, soit par la trop grande sensibilité de la bouche, soit par l'abus du saut, soit par une conformation défectueuse, soit enfin par des tares. Dans ce dernier cas même, si on s'obstinait à vouloir faire sauter un cheval, on s'exposerait à le rendre impropre à tout service en développant les tares qui le gênent dans ses mouvements.

Donnons un dernier conseil : si le cavalier a mauvaise main et le cheval la bouche sensible, il faut aller vite sur l'obstacle. En effet, ce qu'il faut éviter dans le saut, c'est de gêner le cheval. Or, le cavalier qui a mauvaise main s'oppose aux différents mouvements de tête et d'encolure ; le cheval qui a mauvaise bouche est entravé dans ces mêmes mouvements, puisqu'il ne peut avec elle s'emparer de la main de l'homme pour exécuter son saut. On voit donc la nécessité de mettre le cheval à l'allure à laquelle les mouvements de tête et d'encolure sont peu prononcés.

CHAPITRE IX

DES CAUSES QUI EMPÊCHENT LE CHEVAL DE SAUTER.

Les causes qui empêchent de sauter viennent du cheval ou du cavalier.

Les causes venant du cheval sont : la mauvaise vue, les jarrets défectueux ou tarés et les pieds délicats. Quand ces défauts sont très prononcés, le cavalier même expérimenté ne peut donner à son cheval tout ce qui est nécessaire pour en faire un bon sauteur. Qu'il évite alors de sauter souvent et surtout sur un terrain dur, afin de ne pas occasionner des souffrances par suite de l'ébranlement des articulations et des chocs nuisibles aux pieds.

Une des causes qui empêchent encore le plus souvent le cheval de sauter est l'excès de sensibilité de sa bouche. Ceci est plus fréquent qu'autrefois; car depuis quelques années nos races, par des croisements parfois plus ou moins heureux avec le cheval de sang, ont été transformées : par suite les muqueuses sur lesquelles appuient les divers instruments qui servent à conduire le cheval sont plus sensibles et plus facilement irritables. Or, la bouche trop sensible s'empare difficilement de la main du cavalier et empêche le saut régulier. Donc la première qualité d'un cheval pour devenir bon sauteur est d'avoir une bonne bouche, c'est-à-dire une bouche non seulement ne refusant pas le contact du mors, mais encore devant être capable de s'emparer de la main du cavalier, de manière que la tête et l'encolure aient toute la liberté nécessaire. Aussi le hack dont la bouche a été rendue trop fine, fait-il difficilement un bon sauteur.

Les principales causes qui empêchent le cheval de sauter et proviennent de l'homme, sont : la mauvaise main et la timidité.

Nous avons assez parlé des inconvénients de la mauvaise main dans l'exécution du saut, pour qu'il soit utile d'y insister encore.

Par timidité, nous entendons la peur, le manque de confiance. Quand le cavalier a peur, n'est pas décidé à sauter quand même, se méfie, est persuadé d'avance que son cheval ne sautera pas, autrement dit n'a pas envie de sauter, sa monture en est immédiatement avertie par une sorte d'action nerveuse qui se produit probablement dans la main et est transmise par les rênes à la bouche. Ce fait, nous l'avons maintes fois remarqué, sans pouvoir autrement l'expliquer. Le cheval comprenant bien alors à qui il a affaire, tourne bride ou s'arrête devant l'obstacle. Au contraire, lorsque le cavalier est courageux, décidé à sauter, n'a pas le sentiment du danger, est certain que le cheval ne pourra pas lui résister, il passera sûrement l'obstacle, même s'il monte un cheval peu disposé à sauter. Qui n'a vu des hommes ivres faire exécuter à leurs chevaux, par fanfaronnade ou autrement, des sauts invraisemblables et qu'ils n'auraient jamais osé demander s'ils avaient été dans leur état naturel? Un myope passe parfois des obstacles incroyables, qu'il n'a pas pu voir.

Quelques cavaliers peureux, sentant leur insuffisance, cherchent à s'étourdir par une agitation en quelque sorte fébrile, se remuent sur leur selle, attaquent le cheval à tort et à travers, se cramponnent sur la bouche. A propos de ces derniers, le baron d'Étreillis nous disait très justement : « Quand vous voyez un homme arriver sur un obstacle en désespéré, soyez-en convaincu, il meurt de peur. Comme Gribouille, il se jette à l'eau, de peur de se noyer. C'est une classe de poltrons, très respectables, parce qu'ils prennent sur eux pour affronter un danger qui les impressionne vivement; mais, au point de vue du cheval, les vrais poltrons, ceux qui fuient le danger, seraient peut-être préférables : au moins ils ne détérioreraient pas l'animal. »

CHAPITRE X

CHEVAL TROP CHAUD A L'OBSTACLE : CAUSES ET REMÈDES.

Un cheval se précipite sur l'obstacle, quand une souffrance quelconque l'empêche de sauter doucement. S'il a le rein ou les jarrets faibles par exemple, il sent que plus il a d'élan, moins il aura d'effort musculaire à faire et par conséquent moins de fatigue à supporter. Mais, hâtons-nous de le dire, des souffrances que toujours on attribue au rein ou au jarret, ont souvent leur siège dans la bouche.

Nous avons vu bien des fois sauter aux allures raccourcies (pas ou trot) des chevaux ayant mauvais rein ou des jarrets défectueux : rarement nous avons pu y contraindre ceux dont la bouche était trop sensible. En général, le cheval est trop chaud à l'obstacle, quand il est privé du libre jeu de la tête et de l'encolure, soit que la bouche pèche par excès de sensibilité, soit que la main n'ait pas assez de légèreté. Ce n'est donc pas par amour du saut, comme on le croit souvent, que le cheval se précipite sur l'obstacle.

On peut d'ailleurs en dire à peu près autant de tout cheval qualifié trop chaud. Qu'un cheval monté ou attelé trottine au lieu d'aller à un pas franc, galope au lieu de trotter, j'ai lieu de croire que cet animal est chaud, non parce qu'il souffre des jarrets et du rein, comme il est de mode de le dire, mais parce qu'il souffre de la bouche. Celle-ci en effet est inquiète, tantôt agitée et sans cesse en mouvement comme si elle se refusait à prendre le contact du mors, tantôt contractée de manière à échapper à toute action de la main. — Qu'un cheval tire à la main : on dit qu'il a la bouche dure, quand le plus souvent il l'a trop sensible. Il la contracte pour sentir le moins possible la main dure et c'est seulement quand il est fatigué par cette contraction que tout à coup il ouvre la bouche comme pour se soustraire à l'action du mors. Un tel cheval est forcément d'une conduite d'autant plus difficile et trotte d'autant moins régulièrement, qu'il est embouché plus durement; ce que pourtant on ne manque pas de faire le plus souvent.

Ne confondons pas cependant le cheval qui tire à la main parce qu'il a la bouche trop sensible, avec celui qui tire parce qu'il l'a trop peu sensible, autrement dit parce que les parties sur lesquelles pose le mors sont épaisses et l'encolure massive. Le premier tire parce qu'il se défend, le second parce qu'il ne sent pas l'action du mors : ce dernier défaut est plus facile à corriger que l'autre.

La dureté de la main est souvent à elle seule la cause qui fait souffrir un cheval ayant bon rein et bons jarrets : le poids de la tête et de l'encolure rejeté en arrière écrase l'arrière-main, qui ne peut plus donner librement l'impulsion.

Pour savoir si les défauts dont je viens de parler provenaient bien de l'excès de sensibilité de la bouche, je mis à des chevaux, chez qui ils existaient, un caveçon à chaque côté duquel j'avais attaché une rêne. Je les menai, à titre d'expérience, avec ces rênes, sans me servir du bridon ni de la bride, et, presque toujours, je constatai que bientôt les encolures s'allongeaient, les mâchoires ne remuaient plus convulsivement et, par suite, les allures devenaient régulières et franches. Les chevaux ne cherchaient plus à gagner à la main ; en un mot, ils avaient retrouvé la liberté de leur tête et de leur encolure, ils ne se défendaient plus, ils n'étaient plus chauds.

Maintes fois j'ai vu des chevaux d'attelage refuser de partir, trépigner, puis se précipiter en avant par bonds violents. On ne manquait pas de dire que le cheval avait l'épaule froide. Je remplaçais le mors, avec lequel ils étaient embouchés, par un simple filet à gros canons, et généralement j'obtenais aussitôt la franchise dans le mouvement en avant.

Mon but n'est certes pas de poser en principe que la bouche sensible soit la seule cause des défauts dont je viens de parler. Mais je pense que l'excès de sensibilité est un défaut plus commun aujourd'hui qu'autrefois ; les mains des cavaliers ne se sont pas améliorées, tandis que les bouches des chevaux sont devenues plus délicates par suite du sang introduit en très grande quantité dans toutes nos races.

Cette trop longue digression n'était pas inútile pour faire bien comprendre au cavalier que, s'il a une mauvaise main, c'est lui qui est la cause du défaut qu'a son cheval d'être trop chaud. Mais, si le cavalier a une bonne main, alors que la bouche du cheval a un excès de sensibilité, ce dernier inconvénient ne disparaît pas toujours et peut seulement être atténué.

Quant à la marche à suivre pour calmer le cheval qui a pris la mauvaise habitude de bourrer sur les obstacles, nous allons l'indiquer en disant quelle méthode a été employée en 1887 avec *Padley*, cheval de chasse bien connu. Cet animal, que j'avais eu autrefois entre les mains avec une excellente bouche, et que son nouveau propriétaire prêtait à tout le monde avec trop de complaisance, était devenu si chaud, si impressionnable, qu'on ne pouvait plus l'empêcher de se précipiter sur les obstacles, bien qu'on employât tous les systèmes de mors. Le cheval fut cependant envoyé au concours hippique de Nantes, mais y fit la plus triste montre, tombant, sautant deux fois dans les tribunes. Son propriétaire me l'expédiant ensuite pour le concours de Paris m'écrivait : « Le cheval est bien changé : les chasses de Pau l'ont rendu presque fou sur les obstacles. Je crains qu'il ne donne aucune satisfaction. Le mieux serait peut-être de le mettre au petit galop sans le faire sauter, de peur de l'affoler complètement. » Malheureusement, le cheval arrivait avec une forte angine, qui m'empêcha de l'exercer comme je l'aurais voulu. Mais je me rendis compte de suite qu'il craignait à ce point la main du cavalier que non seulement il ne cherchait pas à s'en emparer, mais encore qu'il renversait la tête en arrière de peur de la rencontrer. J'amenai le cheval au manège pour l'exercer au travail à la longe et le retrouvai là docile comme je l'avais laissé quelques années auparavant : il passe plusieurs fois la barre par terre sans la sauter, puis à $0^{m},60$ environ de hauteur, puis de nouveau par terre et au pas ; il ne suait pas, grâce à sa docilité à la longe ; c'était important puisqu'il toussait encore. Après deux heures de repos à l'écurie, le cheval fut soumis au même travail, mais la barre fut élevée davantage ; une fois le calme obtenu, ce qui se produisit rapidement, j'ôtai le caveçon et le montai avec un simple pelham. Je passe plusieurs fois la barre par terre en mettant beaucoup de patience à obtenir qu'il l'enjambe sans la sauter, car il n'ose pas se décider à s'emparer de ma main pour être à même d'exécuter le saut régulièrement. Ayant obtenu enfin le résultat que je cherchais, je la lui fais passer au trot et au galop; puis on élève la barre de $0^m,40$ environ et je la fais sauter aux trois allures. Je termine par le travail au pas sur la barre par terre.

Chacune des deux leçons précédentes avait duré 25 minutes et j'avais fait en sorte d'éviter la transpiration.

Le lendemain, j'exerce encore le cheval à la longe sans le monter, lui faisant franchir plusieurs fois une rivière de 3 mètres, le laissant prendre le galop seulement pendant le demi-cercle qui précède l'obstacle et exigeant qu'après le saut le cheval se mette au pas et marche franchement et même avec nonchalance sur le cercle. Je rentre ensuite au manège, où, suivant la progression indiquée, après avoir commencé par passer la barre par terre, j'arrive à sauter 6 fois et sans quitter le galop une hauteur d'un mètre, mon cheval ne cherchant plus à gagner à la main soit avant, soit après l'obstacle. Je termine la leçon par le travail sur la barre par terre et au pas, et je renvoie le cheval à l'écurie. Après deux heures environ de repos, je le fais revenir; je l'exerce à la longe pendant une dizaine de minutes; puis je le monte et lui fais sauter plusieurs barrières de $1^m,20$. — Les leçons de la deuxième journée de travail étaient terminées. Pendant que je le montais, je faisais tous mes efforts pour l'obliger à s'emparer de ma main. Dans ce but, je l'avais promené dans le manège en lui faisant décrire des serpentines qui le forçaient à incliner la tête à droite et à gauche et à se mettre en contact avec ma main.

Le troisième jour, je suis pour mon cheval la même progression qu'auparavant: il saute à la longe et plusieurs fois la barre à $1^m,30$ de hauteur et la rivière. J'avais soin de le mettre au pas pendant quelques mètres toutes les fois qu'il avait fait un effort nécessitant une allure allongée. Je monte le cheval et je saute deux fois la rivière; puis je rentre au manège où pendant une demi-heure environ j'exerce mon cheval, lui faisant sauter la barre quand je la rencontrais sur mon chemin dans les différents mouvements. Enfin je saute douze barrières de 1m,20, sans quitter le galop. Le cheval était parfaitement calme; néanmoins il avait un peu transpiré et, comme il toussait encore, je le renvoyai.

Dans l'après-midi, je me rends au concours hippique pour voir sauter un autre de mes chevaux et j'apprends que l'homme chargé d'engager ce cheval s'était trompé et avait donné le nom de *Padley*. Je n'avais nullement l'intention de faire concourir ce dernier, mais, rencontrant un ami en qui j'avais confiance, je lui proposai de monter le cheval, lui assurant qu'il en serait maître. Ce que je disais arriva; j'eus une double satisfaction: avoir fait plaisir à un ami qui ne fut jamais mieux porté sur les obstacles par un cheval plus droit, et voir mon cheval classé premier. — Les succès de *Padley* ne s'arrêtèrent pas là : il concourut encore trois fois, gagnait deux épreuves et n'était battu qu'une fois par un cheval à moi monté par le même ami.

CHAPITRE XI

CHEVAL TROP FROID A L'OBSTACLE : CAUSES ET REMÈDES.

Le cheval, sans être trop chaud, doit toujours aller gaiement à l'obstacle, sous peine de perdre l'élan et souvent de marquer le temps d'arrêt que nous avons condamné.

S'il est trop froid, il n'exige pas de la part du cavalier autant de tact que le cheval chaud, mais demande à être mené très vigoureusement, surtout sur la largeur. Bien conduit, il juge facilement ce qu'il doit faire et, quand il s'agit de la hauteur en particulier, saute sûrement.

Les causes qui rendent le cheval trop froid proviennent du caractère, d'un tempérament lymphatique, ou de ce fait que l'animal a chassé dans des pays où il a dû sauter beaucoup au pas. Dans ce dernier cas, il est certainement bien conformé et a bonne bouche ; le défaut est d'ailleurs facile à faire passer.

Si le cheval est trop froid à cause de son caractère ou de son tempérament lymphatique, il est impossible d'y remédier complètement. Nous conseillons de faire franchir beaucoup de petits obstacles et d'insister sur ceux en largeur, en activant vigoureusement l'animal au moment du saut.

CHAPITRE XII

EMPLOI DE LA CRAVACHE.

La cravache est une aide qu'on doit employer très rarement.

Quand je vois un cavalier s'en servir en sautant, j'en conclus généralement qu'il n'est pas carrément assis dans sa selle et que, n'ayant pas une bonne assiette, il ne tient que par les genoux et en s'appuyant sur les étriers, ce qui paralyse complètement l'action des jambes.

Un des grands inconvénients de se servir de la cravache au lieu des jambes est que cet animal, qui a besoin d'être stimulé, est précisément celui qu'il faut tenir avec les deux mains jusqu'au moment où il s'enlève. Comme on ne peut pas le conduire ainsi tout en se servant de la cravache, l'animal sent qu'il n'est pas tenu et en profite pour se dérober.

Les cavaliers qui usent de la cravache l'appliquent sur le flanc du cheval au moment de sauter, ce qui souvent jette l'animal dans l'obstacle et l'habitue à bourrer. Ils s'en servent d'ailleurs sans raisonner son emploi, non pas tant pour activer leurs chevaux que pour s'asseoir davantage par le fait même du mouvement en arrière du bras, la main ayant lâché la tête pour agir avec la cravache.

Le coup de cravache, nous l'avons constaté souvent, est presque instinctif chez l'homme inexpérimenté. Mais il serait préférable de laisser tomber la main sur le côté en arrière, et d'éviter de le donner, d'autant qu'il nuit généralement.

Cependant le cavalier doit employer la cravache avec les chevaux rétifs aux jambes.

TABLE DES MATIÈRES

PREMIÈRE PARTIE

TRAVAIL A LA LONGE

DEUXIÈME PARTIE

DRESSAGE A L'OBSTACLE

NANCY. — IMPRIMERIE BERGER-LEVRAULT ET Cie.

www.ingramcontent.com/pod-product-compliance
Ingram Content Group UK Ltd.
Pitfield, Milton Keynes, MK11 3LW, UK
UKHW021055260726
13994UKWH00002B/538